物理学実験

―「物理・化学実験」テキスト―

静岡大学工学部
共通講座
物理学教室 編

学術図書出版社

まえがき

本書は, 静岡大学工学部でこれまで行われてきた物理学実験が平成 19 年度より物理・化学実験として新編成されたことにあわせて新たに執筆・編集された指導書に，新実験施行 1 年を経て改訂がくわえられたものです．執筆に当たっては, 全体的に記述を平易にし, 基本法則および実験内容が理解しやすいよう配慮しました. 本書は，まず各章を以下のように分担執筆した上で，執筆者全員で全体の相互チェック・校正に当りました.

岡部拓也 (編集, 第 1 章, 第 8 章ほか), 田村了 (第 2 章, 第 6 章), 星野敏春 (第 3 章, 第 7 章), 中島伸治 (第 4 章, 第 5 章), 古門聡士 (第 9 章).

本書を出版する上でお世話になりました学術図書出版社の高橋秀治氏に感謝いたします.

平成 20 年 3 月

静岡大学工学部物理学教室

目　　次

第 1 章　はじめに **1**

1.1　物理実験ガイダンス 1
1.2　レポートの書き方 2
1.3　グラフの書き方 3
1.4　測定値と誤差 4
1.5　測定値の扱い方 6
1.6　最小 2 乗法 7
1.7　測定器具の扱い方 9
1.8　設問 10

第 2 章　落下運動 **12**

2.1　目的 12
2.2　原理 12
2.3　装置 15
2.4　方法 15
2.5　第 1 章にある' 平均値と標準偏差' の復習と補足 17
2.6　結果の整理 18
2.7　設問 20
2.8　参考: 平均速度と瞬間速度 21

第 3 章　波と振動 **23**

3.1　目的 23
3.2　原理 23
3.3　装置 29
3.4　方法 29
3.5　設問 31
3.6　参考: 単振動と等速円運動 31

第 4 章　分光器によるスペクトルの測定 **32**

4.1　目的 32

4.2 原理 32
4.3 装置・測定準備 33
4.4 実験 1: 較正曲線の作成 35
4.5 実験 2: 較正曲線を用いたスペクトルの推定 35
4.6 設問 36
4.7 参考: 水素原子より発生する線スペクトル 37

第 5 章 レーザー光の回折と干渉 39

5.1 目的 39
5.2 原理 39
5.3 装置・調節 44
5.4 実験 1: 複スリットによる干渉 (ヤングの実験) 45
5.5 実験 2: 多数スリット (回折格子) による干渉. 46
5.6 実験 3: 単スリットによる回折パターンの観察 48
5.7 実験 4: 単スリット幅の回折光強度分布からの推定 49
5.8 実験 5: 円孔直径の回折光強度分布からの推定 50
5.9 設問 51

第 6 章 磁束密度の測定 52

6.1 目的 52
6.2 原理 52
6.3 装置 54
6.4 実験準備と実験 1,2,3 に共通する作業 56
6.5 実験 1: 中心軸上の磁束密度 56
6.6 実験 2: コイル周回経路上の磁束密度 (経路に平行な成分) 58
6.7 実験 3: コイル周回経路上の磁束密度 (大きさと方向) 59
6.8 設問 60
6.9 参考: 式 (6.20), (6.22), (6.23), (6.24) で用いた台形公式 61

第 7 章 電子の比電荷 62

7.1 目的 62
7.2 原理 62
7.3 装置 63
7.4 方法 64
7.5 結果の整理 66
7.6 設問 66
7.7 参考: 円形コイルの作る磁場–ビオ・サバールの法則– 67

第 8 章　β 線の計数測定　**68**

8.1　目的 68
8.2　原理 68
8.3　理論的予備知識 69
8.4　装置 70
8.5　実験 1: GM 計数管の計数特性 70
8.6　実験 2: 物質による遮蔽効果 72
8.7　実験 3: 放射性崩壊の統計的性質 75
8.8　実験 4: バックグラウンドの測定 77
8.9　設問 77

第 9 章　超伝導　**80**

9.1　目的 80
9.2　原理 80
9.3　装置 83
9.4　測定の準備 83
9.5　測定 85
9.6　結果の整理 86
9.7　マイスナー効果および磁束のトラップの実験 88
9.8　後始末 90
9.9　参考: 熱電対，完全導体および超伝導体の磁気的振舞い 90

基礎物理定数　**97**

第 1 章

はじめに

1.1　物理実験ガイダンス

(1) **単位認定の条件**

すべての種目の実験を行い，かつすべての実験のレポートが受理されることが単位認定の必須条件となる．

(2) **掲示内容の確認**

指定場所の掲示物を定期的に確認すること．

(3) **基礎事項に関する予習**

数値と誤差の扱い (1.4 節) について自習し，測定データを正しく処理する方法をあらかじめ理解しておくこと．

(4) **個別種目についての予習**

実験当日までに本テキストによって実験の概略を把握し，さらに自習により関連事項の理解を深めておく．また，本テキストの設問は事前に解答しておく．**予習が不十分な場合には，受講を認めない場合がある．**

(5) **実験時間**

実験は授業時間内に終了すること．そのためには十分な予習が不可欠となる．実験開始前に担当教員による実験の説明がある．原則として**遅刻による途中からの出席は認めない．**

(6) **携行品**

筆記用具，定規と **A4 判-1mm 方眼紙，ノートを各自で用意する．関数電卓**も持参することが望ましい．

(7) **機器の不備**

機器の故障，破損については速やかに担当教員に申し出ること．

(8) **検印**

実験終了時には実験結果について担当教員の点検を受け，本冊子末尾の検印表に押印を受ける．検印表は**全実験終了後**に切り離して提出する．

(9) **整理整頓**

実験終了後は借用機器を元の場所に返却し，必ず機器の整理整頓，および机上の清掃を行う．電源の切り忘れや使用機材の放置など，**片付けが不十分な場合は減点の対象**とする．

(10) **レポート**

(a) 用紙サイズは **A4 判**とする．

(b) 表紙には，所定の用紙 (黄色) を使用する．

(c) 記述は鮮明にわかりやすく．グラフを含めて**不鮮明なものは受理しない**場合がある．

(d) **設問の解答は手書きのこと** (パソコン使用は不可)．解答の過程もレポートの評価対象とする．

(e) レポートに添付する**グラフは手書きで清書のこと** (パソコン処理したものをあわせて提出する分には問題ない)．

(f) レポートの形式，内容構成については次節 (1.2 節) にまとめて記す．

(11) **レポート提出期限**

提出期限は次回実験日 (最終回は 1 週間後) の授業開始時刻とし，提出先は物理学実験掲示板付近に設置されているレポート受け箱とする．再提出レポートについては，告知を受けた日から 1 週間以内に担当教員へ直接提出するものとし，手渡しが困難な場合のみレポート受け箱への提出とする．遅延提出の場合には理由書をレポートに添付する．なお，**遅延提出されたレポートは一定の基準に基づき減点評価される．**

ショートレポート種目については，当日実験終了後に専用の受け箱に提出する．

(12) **レポートに関する試問**

提出されたレポートの内容について，実験日に直接試問を課すことがある．この場合は，並行する実験作業を調整のうえ，担当教員の指示に従う．

(13) **不正レポートの扱い**

特に各実験固有のデータに関して，他人の作成した (ワード，エクセルなど) 電子ファイルのコピー利用や，過去のレポートの丸写しと確認された場合は，不正行為としてあつかう．

1.2　レポートの書き方

前節 (6) の実験ノートには，測定により得られた生のデータを，第三者にも分かるよう整然と記録する．また，使用台の番号，個々の使用機材に関する固有の情報，計算の途中や実験の中で気づいたことなども詳細に書き留めておく．

実験ノートは実験時の個人的メモだが，実験レポートは，得られた結果を他人に報告するための客観的な「報告書」として，実際に実験をしていない者が見ても結論が理解できるよう丁寧にわかりやすく記さねばならない．レポートはおよそ以下の書式・形式にしたがって理路整然と記述する．

(1) **実験の目的**

(2) **理論**

実験に関連する物理法則や数式について，実験装置の基本原理，何を測定し何を求めるのかなど，一般的な事柄について，内容を理解した上で自分の言葉で簡略にまとめる．とりわけ，実験テキスト・参考書を長々と丸写しすることは避けねばならない．

(3) **装置・方法，使用機器**

実験装置や設定に関する，より具体的な事柄について記す．名称，番号，規格など，使用機材固有の情報を記す．

(4) **測定データ，データ処理及び結果**

レポートには測定により得られた**生のデータを必ず記す**．その上で，処理した結果得られたデータについては，集計結果として整理して分けて記す．

データは数値の羅列ではなく，必要ならば必ず単位を明記し，それぞれが何を表すのかがわかるよう十分な説明を加え**表形式で提示**する，もしくは場合によってはグラフを利用する．測定数値を記すに当たっては，**有効数字や測定誤差に注意をはらうこと．**

(5) **考察，論評**

実験で得られた結果をもとに考察を加える．実験結果を理論値や定数表の数値と比較する際は，**表形式で並べて提示**する．結果の考察に当たっては，一般的に誤差の評価が必要とされるが，得られた結果は，下線や囲み枠，太字などで強調し，**結果が一目でわかるよう配慮する．**

結果が予想された値とずれる場合には，その理由 (機械誤差，個人誤差，理論誤差など) について考察する．考察にはその論拠も示すこと．

悪い例:「結果がうまくいかなかったのは，測定がうまくいかなかったからだと思う」．

(6) **感想，意見**

考察とは異なり，感想はレポートとしての評価とは無関係であり必要不可欠というわけではない．しかしながら，今後学生実験をよりよく改善していく上での貴重な参考意見となるため，できる限り記してほしい．個人的感想や主観的な印象については，客観的データ・実験の結論とは分けて，それらの後に記すこと．

(7) **設問解答**

予習問題や実験に関連して各自で自主的に調べた事柄については，補遺・付録として最後にまとめて記す．

(8) **参考文献**

レポート作成にあたって参考にした資料・文献などがあれば，末尾にそれらを引用して明示する．なお，本テキストについては，あえて記す必要はない．

1.3 グラフの書き方

(1) はじめに，用紙に対してグラフが適当な大きさになるように，**軸の目盛を適切に設定する．**
方眼紙を用いる場合，軸やその説明を含めて，グラフは目盛部分に適切な大きさでおさま

るように (余白部分にはみださないように) 描くことが望ましい.

(2) グラフには**表題 (タイトル) を明記**し, 何を示すグラフかを明らかにする.

(3) グラフの軸には一定間隔で**目盛**を刻み, 適切な間隔で代表的数値を記す.

(4) 縦軸, 横軸には, それらが表す**物理量と単位**をあわせて明記する.

(5) 測定点をグラフに記す際には, 点の大きさ・形に配慮し, 目立つ記号を用いて明示すること. 測定値の誤差評価をした場合には, 誤差の幅を表す**誤差棒** (エラーバー) もあわせて示す.

(6) 複数の結果を一枚のグラフに重ねて描くときには, 測定点の記号や曲線の種類・色などを変えて描き, それぞれが明確に**区別できるよう**に記す. たとえば, 測定点は (○, ●, ×, +, △ などの) 記号を用い, それらの区別について図中に注釈として示す.

(7) 理論曲線や内挿曲線は**明確に**, しかし測定点を覆い隠さないように記す. 恣意的なフリーハンドは厳禁である. また, 曲線を重ねて描くときには, それらが何を表すのか説明を付記する.

(8) ばらつきのある測定点に目安として内挿曲線を重ねて描く場合には, 測定点すべてを通るように描くのではなく, 測定結果の誤差を正しく考慮に入れ, 曲線の**上下に均等に測定点がばらつくように**滑らかな曲線を描く.

1.4　測定値と誤差

個々の測定には, 必ず誤差をともなう. 誤差の要因としては以下のものが挙げられる.

(1) 測定原理・理論面での不完全さ.

(2) 測定装置の構成あるいは動作の不完全さ.

(3) 測定者のくせ, 経験の未熟さ.

(4) 測定環境や測定条件の変動.

これらは大別して, 系統的誤差と偶然的誤差とに分けられる. (1) から (3) が系統的誤差に相当し, 以下で示す器差や公差, 視差がこれに含まれる.

1.4.1　器差と公差

正しく扱った場合でも, 測定器具の示す値と実際の値との間には, ずれが生じうる. 各々の測定器に固有のこのずれを**器差**という. 器差は校正しうるものだが, 市販の測定器については, 計量法や日本工業規格 (JIS) により, 許容される最大の器差の値が定まっている. これを**公差**という. 公差は測定器の説明書に記載されているが, 一般に目安として, 器具の最小目盛か, その数分の 1 程度である.

1.4.2 視差

測定器具上の目盛を読み取る目の位置により生じる誤差を**視差**という．測定器の指針の読み取りには，視差を防ぐために，目盛は真正面から読み取らねばならない．器具によっては，指針の背後に反射鏡がついており，指針とその像を一致させる位置から読み取ることで視差を防ぐことができる．

1.4.3 読み取り誤差

アナログ測定器の指針を読み取る際には，最小目盛単位ではなく，目算によりさらに細かく，**最小目盛の 1/10 程度**の数値まで読み取ることができる．こうして読み取った最終桁の数値には**読み取り誤差**が含まれる．

たとえば，1mm 間隔の目盛が刻んである普通の定規を用いるときには，目分量により 0.1mm = 0.01cm の位まで読み取ることができる．このため，たとえば測定結果は (12mm=1.2cm ではなく) $12.\underline{3}$mm=$1.2\underline{3}$cm というように測定器具が許す最小有効桁まで正しく記述し，この数字には少なくとも ±0.01cm の誤差が含まれること (つまり，結果は 1.23 ± 0.01 cm を意味すること) を暗黙のうちに理解する．同様に，測定器がマイクロメータの場合には，0.001mm = 0.0001cm の位まで読み取ることができるため，測定結果は 1.2345 cm などと使用器具に見合った十分な精度で記す．ただし，この場合は読み取り誤差 ±0.001mm よりもマイクロメータの公差 ±0.005mm の方が大きいため，測定結果は 1.2345 ± 0.0005 cm となる (小さい誤差は大きい誤差に対して無視できる)．

偶然にも，測定結果が目盛上に**完全**に合致した場合は，たとえば $1.2\underline{0}$ cm (誤差 ±0.01cm) というように，最後の数字は 0 となることに注意する．これを 1.2cm と記すと異なる測定精度 (±0.1cm) を意味するものと解釈されてしまう．

誤差が問題になる場合，測定結果は，1.2345 ± 0.0005 cm などのように，誤差の大きさを明示的に記す．

1.4.4 偶然誤差

測定者が感知できない偶然的な要素による誤差を**偶然誤差**という．偶然誤差は測定値のばらつきの原因となるが，多数回の測定を行い，統計的な処理をすることで，誤差の大きさを評価することができる．

1.4.5 誤差の処理

測定値にばらつきがある場合には，測定を多数回繰り返すことで誤差の程度を見積ることができる．

測定回数を n とし，その i 番目の測定値を x_i と記す $(i = 1, 2, \cdots, n)$．このとき，測定値の相加平均は次式で与えられる．

$$\bar{x} = \frac{1}{n}(x_1 + x_2 + \cdots + x_n) = \frac{1}{n}\sum_{i=1}^{n} x_i.$$

平均からのばらつきを考えるために，測定値と平均値 $\bar{x}$ との差 $v_i = x_i - \bar{x}$ に注目する．定義により，v_i は 0 を中心とし正負いずれにもばらつき，その総和は 0 となる (すなわち $\sum_{i=1}^{n} v_i = 0$)．そこで 2 乗した量 v_i^2 の平均から求まる**標準偏差**

$$\sigma = \sqrt{\frac{1}{n}\sum_{i=1}^{n} v_i^2} \tag{1.1}$$

により，測定値 x_i の平均値 $\bar{x}$ からのばらつきの程度を表す．これらを用いて，測定結果を

$$\bar{x} \pm \sigma$$

と表すことがある．標準偏差の 2 乗 σ^2 は**分散**とよばれる．

1.5　測定値の扱い方

単独の測定結果そのものを得ることが実験の目的であることは少ない．多くの実験結果は，基礎となる理論をもとに，測定により得られたいくつかの数値を組み合わせた結果として得られる．このとき，個々の測定値の誤差がどのように最終結果に反映されるか考察する必要がある．たとえば，高さ 1.2cm，幅 3.456cm の長方形の面積を，電卓が示すままに $1.2\text{cm} \times 3.456\text{cm} = 4.1472\ \text{cm}^2$ と単純に結論づけることは，誤差評価を無視しているため正しくない．同じ理由で，実験レポートに記す数値として，$5.2/3.1 = 1.677419355\cdots$ などと，計算機で得られた結果を機械的に羅列してはならない．測定値を扱う際には，常にそれが数値的に何桁まで有効かに配慮せねばならない．

1.5.1　簡単な評価

一般に，有効数字を考慮した計算では，掛け算・割り算では**桁数**をそろえ，足し算，引き算では**位**をそろえる．

たとえば，2 桁の数字 1.2 と 4 桁の数字 3.456 の掛け算 (割り算) では，桁数の小さい 2 桁が結果において有効なため，

$$1.2 \times 3.456 \simeq 4.1$$

と評価する．同様に，割り算の場合は $1.2 \div 3.456 \simeq 0.35$ となる．

小数 1 位まで正しい数字 12.3 と小数 3 位まで正しい数字 3.456 の足し算 (引き算) の結果は，位の低い小数 1 位まで正確なため，

$$12.3 + 3.456 \simeq 15.8$$

となる．同様に，引き算の場合は $12.3 - 3.456 = 8.8$ となる．以上のように，有効ではない端数を切り捨てることを，数値を**丸める**という．

複雑な計算では，計算の過程で累積していく誤差 (**丸め誤差**) を防ぐために，本来の精度より 1，2 桁程度余計に数値を残したまま途中の計算をおこない，得られた結果のうち本来有効な桁数のみを意味ある最終結果として提示する．

1.5.2 誤差の伝播

一般に，求める物理量 $w = w(x, y, z, \cdots)$ が，直接測定により得られる量 x，y，z，$\cdots$，などの関数として与えられるとき，それぞれの測定量の誤差 Δx，Δy，Δz，$\cdots$，は結果 w に誤差 Δw を与える．実験結果の解析では，最大の誤差を与える要因を特定し，測定誤差を評価した上で，これらをもとに最終結果の誤差 Δw を見積らねばならない．誤差 $|\Delta w|$ の上限は，およそ次のように評価できる．

誤差 Δx，Δy，Δz，$\cdots$，が微小量のときに成り立つ展開式

$$\Delta w = \frac{\partial w}{\partial x}\Delta x + \frac{\partial w}{\partial y}\Delta y + \frac{\partial w}{\partial z}\Delta z + \cdots$$

により，各項の大きさの程度の評価として次の不等式が得られる．

$$|\Delta w| \leq \left|\frac{\partial w}{\partial x}\Delta x\right| + \left|\frac{\partial w}{\partial y}\Delta y\right| + \left|\frac{\partial w}{\partial z}\Delta z\right| + \cdots . \tag{1.2}$$

すなわち，右辺が誤差 $|\Delta w|$ の上限を与える．

たとえば，w が和で表される場合 $w = ax + by + cz + \cdots$ は次のようになる．

$$|\Delta w| \leq |a\Delta x| + |b\Delta y| + |c\Delta z| + \cdots .$$

一方で，w が積で表される場合 $w = Ax^l y^m z^n \cdots$ には，式 (1.2) の両辺を w 自身で割ることで，相対誤差を与える式

$$\left|\frac{\Delta w}{w}\right| \leq \left|l\frac{\Delta x}{x}\right| + \left|m\frac{\Delta y}{y}\right| + \left|n\frac{\Delta z}{z}\right| + \cdots \tag{1.3}$$

が得られる．大きい指数 l，m，n をもつ量ほど，相対誤差に与える影響が大きいことがわかる．

1.6 最小 2 乗法

理論的に 1 次の関係式 $y = Ax + B$ が成り立つと期待される 2 つの物理量 x，y に対して，n 個の測定値の組 (x_i, y_i) $(i = 1, 2, 3, \cdots, n)$ が与えられているとき，これら測定データから係数 A，B を求める方法として**最小 2 乗法**が知られている．この方法では，測定値 y_i と期待される値 $Ax_i + B$ との差の 2 乗和

$$S \equiv \sum_{i=1}^{n} [y_i - (Ax_i + B)]^2 \tag{1.4}$$

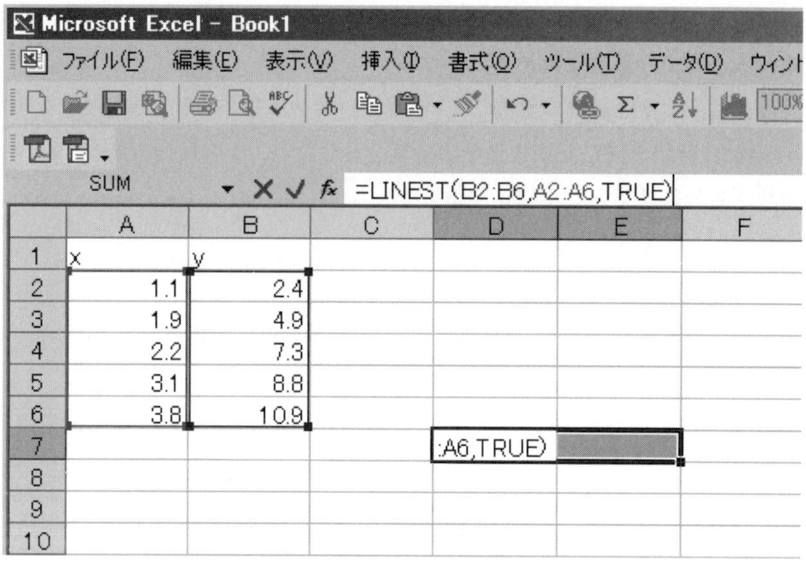

図 1.1　Microsoft Excel による最小 2 乗法

が最小になるように係数 A，および B が選ばれる．結果は次式で与えられる．

$$
\begin{aligned}
A &= \frac{n\sum_{i=1}^{n} x_i y_i - \left(\sum_{i=1}^{n} x_i\right)\left(\sum_{i=1}^{n} y_i\right)}{n\sum_{i=1}^{n} x_i^2 - \left(\sum_{i=1}^{n} x_i\right)^2}. \\
B &= \frac{\left(\sum_{i=1}^{n} y_i\right)\left(\sum_{i=1}^{n} x_i^2\right) - \left(\sum_{i=1}^{n} x_i\right)\left(\sum_{i=1}^{n} x_i y_i\right)}{n\sum_{i=1}^{n} x_i^2 - \left(\sum_{i=1}^{n} x_i\right)^2}. \qquad (1.5)
\end{aligned}
$$

導出については，章末の設問 3 を参照のこと．

1.6.1　計算機による自動評価

最小 2 乗法はよく使われる方法のため，表計算ソフトや関数電卓には，これを計算するための機能があらかじめ備わっている場合が多い．詳しくは，最小 2 乗法，もしくは**回帰計算** (直線回帰) の名称で検索してほしい．

たとえば，Microsoft Excel の場合は，LINEST 関数を用いる．図 1.1 に例示するように，

(1) まず，結果を表示するための任意のセルを 2 つ選択する (図 1.1 では D7, E7 を選択).

(2) 選択したセルに，たとえば次のように入力する．

$$= \mathrm{LINEST}(\underline{\mathrm{B2:B6}, \mathrm{A2:A6}}, \mathrm{TRUE})$$

ここで下線部の [B2:B6]，[A2:A6] はそれぞれ『y の範囲』『x の範囲』を表す (x と y の順

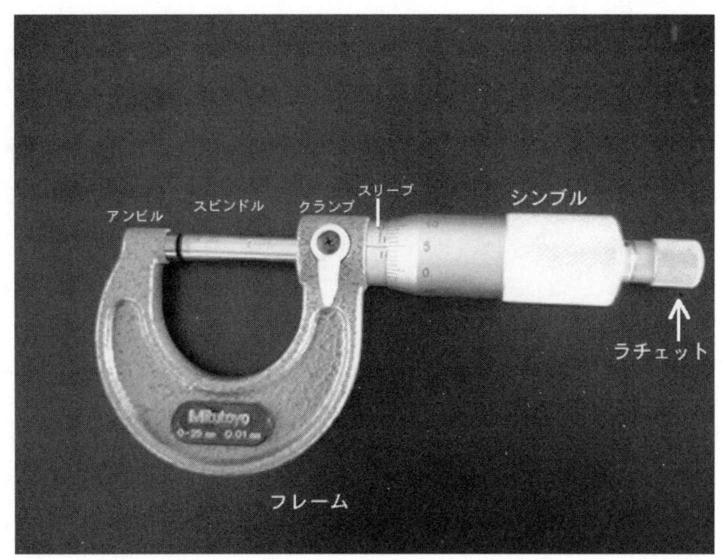

図 1.2 マイクロメータ (各部名称)

序に注意).[1]

(3)「Ctrl」+「Shift」+「Enter」を同時に押す.

以上の結果として，$y = Ax + B$ の係数 A と B に対する計算結果が 2 つのセル中に得られる．なお，y 切片 $B = 0$ とする $y = Ax$ に対して最小 2 乗計算する場合には，(2) の「TRUE」を「FALSE」とすればよい．

1.7 測定器具の扱い方

1.7.1 マイクロメータ

マイクロメータと各部位の名称を図 1.2 に示す．アンビルとスピンドルの間に長さを測定したい試料をおき，シンブルを回転させて試料をはさんで使用する．クランプが左に振られているときにはシンブルは固定されているため，無理にこれを回転させようとしてはならない．スピンドルが試料に接触するところでは，試料に無理な力が加わることのないよう，ラチェットを回転させることで慎重に試料をはさむ．

普通の定規と同じように，スリーブには中央線の上下に 0.5mm 間隔で目盛が打ってある．シンブルを 1 回転することで，この長さ分だけスピンドルは左右に移動する．シンブルの円周には 50 等分された目盛がついているため，シンブルの 1 目盛は $0.5 \times \dfrac{1}{50} = 0.01$mm に相当する．

図 1.3 の例では，スリーブの主尺には 0 点およびその下に 0.5mm，0 点の右に 1.0mm の目盛は確認できるが，1.5mm の目盛は隠れており，まず対象の長さが 1.0mm と 1.5mm の間であ

[1] OpenOffice.org Calc の場合は，区切り字にセミコロン; を用いる．すなわち，(2) は =LINEST(B2:B6;A2:A6;TRUE) となる．

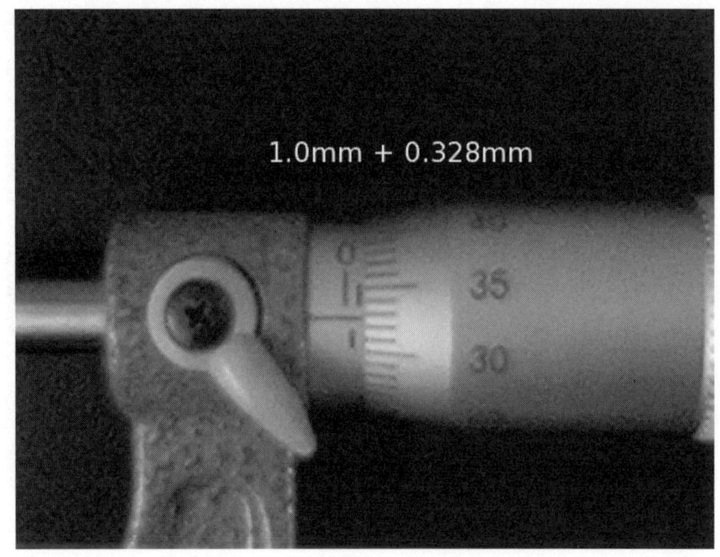

図 1.3　マイクロメータ (拡大図)

ることがわかる．次に，シンブル上の副尺は 32 と 33 の中間よりやや 33 よりに位置することから，たとえば +0.328mm と読み取ることで，主尺とあわせて，結果 $1.0+0.328=1.328$mm を得る．

なお，実際の測定の際には，まず，試料をはさまない場合の目盛が正しく 0 を示しているかを確認する．0 点からのずれがある場合には，装置を校正するか，もしくは，そのずれの分を考慮にいれ，測定後に差し引き補正 (**ゼロ点補正**) した値を測定結果とする．

1.8　設問

設問 1

有効数字に注意し，次の計算をおこなえ．

(1) $29.1 + 0.97 + 3.848$

(2) $3.12 \times 53.46 \times 0.660$

(3) $(88.87 - 81.40) \times 3.184$

設問 2

針金の直径 d をマイクロメータで 6 回繰り返し測定し，表 1.1 の結果を得た．測定値のばらつきが偶然誤差によるものとし，標準偏差 σ および測定から結論される結果を求めよ．結果は $d=$ ＿＿ ± ＿＿ の形で解答し，結果と角括弧内には単位を明示せよ．

i	測定結果 d_i [mm]	$v_i = d_i - \bar{d}$　[　　]	v_i^2　　[　　]
1	8.222		
2	8.226		
3	8.220		
4	8.224		
5	8.212		
6	8.208		
	$\bar{d} =$	$\sum_i v_i =$	$\sum_i v_i^2 =$

表 1.1　誤差計算

設問 3

式 (1.4) に対して，これが最小となるための条件

$$\frac{\partial S}{\partial A} = 0, \qquad \frac{\partial S}{\partial B} = 0$$

より，係数 A と B が満たすべき 2 元連立方程式が得られる．これを解くことで式 (1.5) を導出せよ．

設問 4

測定値の組 (x_i, y_i) の間に，理論的に比例関係 $y = Ax$ が成り立つことがあらかじめ知られているとき，最小 2 乗法によると比例係数 A は次式で与えられることを示せ．

$$A = \frac{\sum_i x_i y_i}{\sum_i x_i^2}. \tag{1.6}$$

設問 5

表 1.2 のように測定値の組が得られた．これら測定点を x-y グラフ上に図示せよ．また，2 つのデータ間に関係式 $y = Ax + B$ が成り立つと仮定し，係数 A，B の値を最小 2 乗法により求めよ．得られた結果をもとに，直線 $y = Ax + B$ を同じ図に重ねて描け．

i	1	2	3	4	5
x_i	1.1	1.9	2.2	3.1	3.8
y_i	2.4	4.9	7.3	8.8	10.9

表 1.2　直線関係 $y = Ax + B$ による数値評価

第2章

落下運動

2.1 目的

自由落下の速度の変化を測定することにより，重力加速度を求める．斜面上をすべりおちる物体の速さの測定と，それが別の物体と衝突した後移動する距離の測定により仕事と運動エネルギーの関係，および運動量保存則を学ぶ．斜面をすべり落ちる物体の加速度と，すべることなく転がり落ちる球体の加速度を測定し，その違いから物体の運動エネルギーには並進運動の運動エネルギーだけではなく，回転運動の運動エネルギーもあることを学ぶ．多数回の測定により偶然誤差を小さくするとともに偶然誤差の大きさを評価する手法を学ぶ．

2.2 原理

以下，重力加速度を g とする．

2.2.1 等加速度運動

x 軸上を等加速度運動する物体の時刻 t のときの位置を $x(t)$ とすると，x 方向の物体の速度 $v(t)$ は $v(t) = \mathrm{d}x/\mathrm{d}t$ と与えられる．ここでは，加速度 $\mathrm{d}v/\mathrm{d}t = \mathrm{d}^2x/\mathrm{d}t^2$ が一定値 A の運動を考えよう．$\mathrm{d}^2x/\mathrm{d}t^2 = A$ の両辺を時間 t で積分することにより，

$$v(t) = At + v(0) \tag{2.1}$$

が求まり，さらに t で積分すると，

$$x(t) = \frac{At^2}{2} + v(0)t + x(0) \tag{2.2}$$

が求まる．初期条件が $x(0) = 0, v(0) = 0$ と与えられるとき，

$$x(t) = \frac{v(t)^2}{2A} \tag{2.3}$$

が求まる．位置 x と速度 v との関係を測定できれば，式 (2.3) を用いて A を決定することができる．

物体が斜面にそって落ちる場合，斜面をすべりながら落ちるか，すべることなくころがりながら落ちるかによって A は異なる．以下，物体の質量を m とする．図 2.1 で示すように斜面に平行下向き (=物体の運動方向) に x 軸をとり，点 $\mathrm{P}(x = 0)$ を初速ゼロで斜面にそって落ち

始め，点 Q に到達したときの速度を v_Q とする．この間，鉛直下向きには h，水平方向には a だけ移動したとすると，点 Q では $x = \sqrt{h^2 + a^2}$ であり，式 (2.3) を点 Q について用いると

$$\sqrt{h^2 + a^2} = \frac{v_Q^2}{2A} \tag{2.4}$$

となる．

(a) 滑りながら落ちる場合

物体にはたらく重力の x 成分は $mg\sin\phi = mgh/\sqrt{a^2 + h^2}$ である．ここで ϕ は斜面と水平面のなす角度を表し，$\sin\phi = h/\sqrt{h^2 + a^2}$．また，動まさつ力 f' の大きさは，垂直抗力 $N = mg\cos\phi = mga/\sqrt{h^2 + a^2}$ に動まさつ係数 μ をかけたものであるが，その方向は運動方向と逆，すなわち $-x$ 方向である[1]．

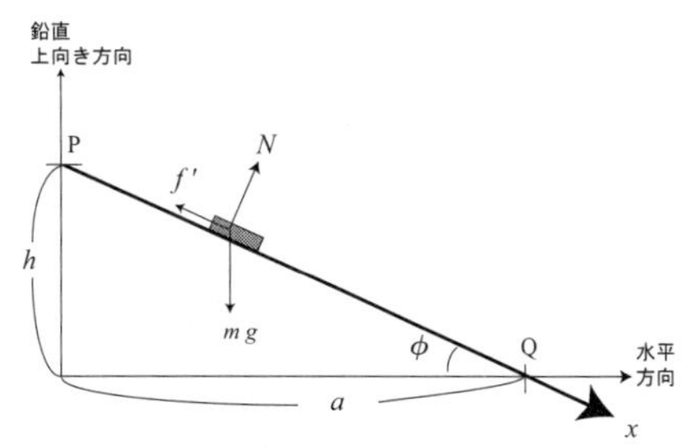

図 2.1　斜面上をすべりながら落ちる物体

したがって，物体の運動方程式は

$$m\frac{\mathrm{d}^2x}{\mathrm{d}t^2} = \frac{mgh}{\sqrt{h^2 + a^2}} - \frac{mg\mu a}{\sqrt{h^2 + a^2}} \tag{2.5}$$

となり，これから加速度 $\frac{\mathrm{d}^2x}{\mathrm{d}t^2}$ は一定値

$$A = \frac{g(h - \mu a)}{\sqrt{h^2 + a^2}} \tag{2.6}$$

になることがわかる．これと式 (2.4) より

$$v_Q^2 = 2A\sqrt{h^2 + a^2} = 2g(h - \mu a) \tag{2.7}$$

が求まる．式 (2.7) は実験 2 で用いる．

(b) 滑らずに転がりながら落ちる一様密度の球の場合

球の回転角度を $\theta(t)$ と表し，$t = 0$ のときを基準にとる $[\theta(0) = 0]$．空回りやすべりがないとすると，図 2.2 で太線で表した円弧長と球の進んだ距離は等しくなる．これから，球の半径を r とすると

$$x(t) = r\theta(t) \tag{2.8}$$

がなりたつことがわかる．一方，球の中心 (=重心)[2] の x 座標についての運動方程式は

$$m\frac{\mathrm{d}^2x}{\mathrm{d}t^2} = \frac{mgh}{\sqrt{h^2 + a^2}} - f \tag{2.9}$$

---

[1] 動摩擦係数は静止摩擦係数と違うものであり，静止まさつ係数より小さい．$'$ の有無でこれらを区別し動摩擦係数を μ'，静止摩擦係数を μ と表すことがあるが，この場合 $\mu > \mu'$ である．しかし，本種目では動まさつ係数は扱うが静止まさつ係数は扱わないので動まさつ係数を単に μ と表すことにする．

[2] 一様密度の球の重心は，球の中心に一致する．物体の重心の運動は，「物体の質量や物体に働く外力がすべて重心に集中している」としたときの質点の運動に等しい．

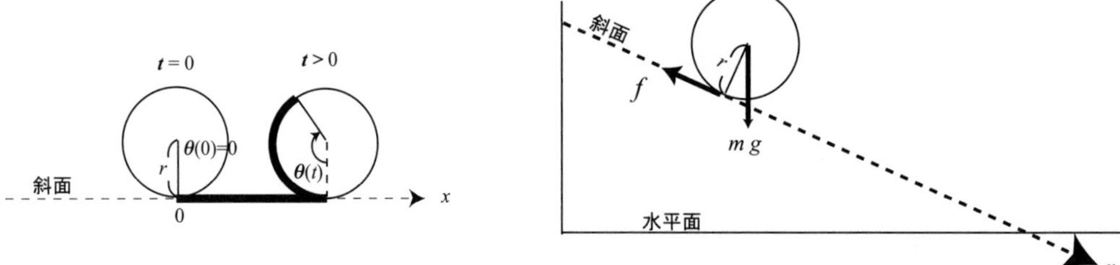

図 **2.2** 斜面上を滑らずに転がりながら落ちる球，および回転角度 θ と移動距離 x の関係

である．ここで右辺の $mgh/\sqrt{h^2+a^2}$ は重力の x 成分であり，式 (2.5) の右辺の第 1 項と共通である．一方，$-f$ は面から受ける力の x 成分であるが，こちらは式 (2.5) の動まさつ力とは大きさが異なる．この力により球の中心のまわりに力のモーメント fr が発生し，球の回転の角速度 $\mathrm{d}\theta/\mathrm{d}t$ が増加する．球の中心軸まわりの慣性モーメントを I とすると，この回転運動についての運動方程式は

$$I\frac{\mathrm{d}^2\theta}{\mathrm{d}t^2} = fr \tag{2.10}$$

となる．式 (2.8) の両辺を t で 2 階微分することにより求まる

$$\frac{\mathrm{d}^2x}{\mathrm{d}t^2} = r\frac{\mathrm{d}^2\theta}{\mathrm{d}t^2} \tag{2.11}$$

と式 (2.10) を用いて式 (2.9) から f を消去すると，加速度 $\dfrac{\mathrm{d}^2x}{\mathrm{d}t^2}$ は以下に示す一定値 A となることがわかる．

$$A = \frac{g}{1+\beta}\frac{h}{\sqrt{h^2+a^2}}. \tag{2.12}$$

ここで β は

$$\beta \equiv \frac{I}{mr^2} \tag{2.13}$$

と定義される．密度が一様な球の場合は $I = 2mr^2/5$ なので，$\beta = 2/5$ となり，これと式 (2.4) より

$$v_{\mathrm{Q}}^2 = 2A\sqrt{h^2+a^2} = 2gh/(1+\beta) = 10gh/7 \tag{2.14}$$

が得られる．式 (2.14) は実験 3 と関連している．

2.2.2 物体の水平面上の移動距離

水平面上を質量 m の物体が一定の大きさ μmg の動まさつ力を受け，初期位置から s だけ移動して静止したとする．初速を v_0 とすると，動まさつ力がする負の仕事 $-\mu mgs$ (動まさつ力は運動方向と逆向き) が運動エネルギーの変化 $-mv_0^2/2$ に等しくなることから

$$v_0^2 = 2\mu gs \tag{2.15}$$

が求まる．この式は実験 2 で用いる．

(a) 物体の衝突と移動距離

静止していた質量 m_2 の物体 2 に，質量 m_1 の物体 1 が速度 v_1 で衝突する場合を考えよう．ここで，物体は水平方向の一直線上のみを運動し，衝突直後に物体 1，2 の速度がそれぞれ v'_1, v'_2 になったとする．運動量保存則から

$$m_1 v_1 = m_1 v'_1 + m_2 v'_2 \tag{2.16}$$

がなりたつ．また，跳ね返り係数を e とすると

$$v'_2 - v'_1 = e v_1 \tag{2.17}$$

となる．これらを v'_2, v'_1 について解くと

$$v'_1 = \frac{m_1 - e m_2}{m_1 + m_2} v_1 \tag{2.18}$$

$$v'_2 = \frac{m_1(1+e)}{m_1 + m_2} v_1 \tag{2.19}$$

となる．特に $m_1 = m_2$ のときは

$$v'_1 = \frac{1-e}{2} v_1 \tag{2.20}$$

$$v'_2 = \frac{1+e}{2} v_1 \tag{2.21}$$

である．衝突の位置から静止するまでに物体 1，2 がそれぞれ移動する距離 s_1, s_2 は式 (2.15) で初速 v_0 に上述の v'_1, v'_2 を用いれば

$$s_1 = \frac{(1-e)^2}{8\mu g} v_1^2 \tag{2.22}$$

$$s_2 = \frac{(1+e)^2}{8\mu g} v_1^2 \tag{2.23}$$

と求まる．これは実験 2 で用いる．

2.3 装置

実験 1:

BeeSpi(速度計)，透明アクリルパイプ，スタンド，受け皿，鋼球

実験 2，3:

BeeSpi(速度計)，斜面台 (図 2.4)，物体 1 と物体 2(ボルト 2 個)，定規，巻き尺，鋼球

2.4 方法

実験 1

(1) 透明パイプを鉛直方向にスタンドに固定し，鋼球の落下地点に受け皿を置く．

(2) パイプの各目盛りに速度計の中心がくるよう速度計をパイプに固定する．パイプの上端を原点とし鉛直下向きに x 軸をとると，目盛りの位置は $x = x_i = 0.5 + 0.1i \ (i = 1, 2, 3, 4)$ [m] となる．

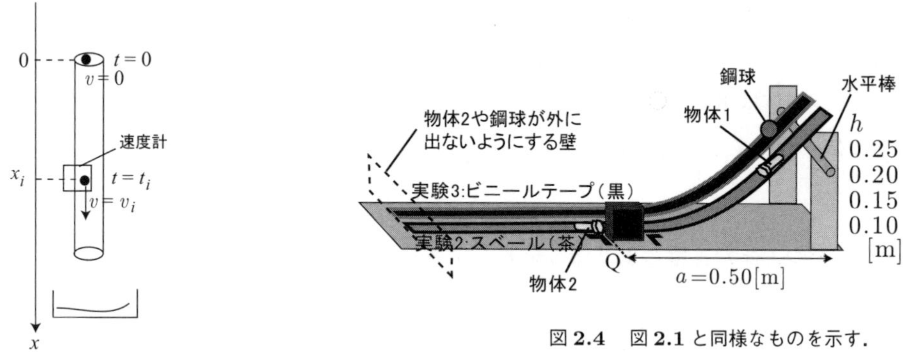

図 **2.4**　図 **2.1** と同様なものを示す．

図 **2.3**　実験 **1** の装置配置の概略図

(3) 鋼球中心がパイプの上端と一致するように手で支えた後に静かに手を離し，$x = x_i$ を鋼球が通過するときの速度 v[m/s] を測定し記録する．この測定を各位置 $x = x_i$ ごとに5回繰り返す．

実験 2

以下の物体1と物体2は同じ大きさ，形，質量のボルトであり，ゴム製のクッションをつけたボルトの頭の面同士を衝突させる．レールを滑り落ちていく方を物体1と呼び，また，衝突の瞬間に接触するクッションの表面を衝突面と呼ぶことにする．

(1) 図2.4のように茶色のレールを金属の水平棒で持ち上げ，茶色のレールを覆うように速度計をL字型の金具の間に挟まれた位置に置く．速度計の端のうち水平棒から遠い方を点Qとする．点Qから測った水平棒の高さ h は図のように4通り用いる．水平棒と点Qの水平方向の距離は $a = 0.50$[[m] のはずだが，定規や巻き尺によりこれを確かめよ．点Qから測った水平棒の高さ h は $h = 0.10$ m, 0.15 m, 0.20 m, 0.25 m の4通りを用い，それぞれの高さで以下の測定を5回 (計20回) 行う．ただし，その前に下で示した「**実験 2 を始める前の確認作業**」を行うこと．

(2) 物体2を，その衝突面が点Qと一致するようにおく．速度計を速度が測れるスタンバイ状態にするとともに，物体1をその衝突面が水平棒に一致するように手で支える．その手を静かに離し，斜面にそって物体1をすべらせ物体2に衝突させ，速度計で速度 v を測定する．速度計の位置を考えると，この測定値 v は点Qで物体2と衝突する直前の物体1の速度であることがわかる．この v は (2.7) の v_Q や (2.22),(2.23) の v_1 に対応するが，ここでは簡略に v と表すことにする．

(3) 前述の v の測定と並行して衝突してから止まるまでに物体1,2がすべった距離 s_1, s_2 も巻き尺や定規で測定する．衝突の瞬間は物体1,2の衝突面はいずれも点Qにあったから，点Qから各物体の衝突面までの距離を測定すればよい．

実験 2 を始める前の確認作業:

以下の (i),(ii) のような事が起こると s_1, s_2 の測定ができなくなるので，(i),(ii) が「起きない」ことを確かめてから実験 2 を始めること．

(i) 図 2.4 の破線で示した位置に実験 2 の物体 2 や実験 3 の鋼球が外に飛び出さないようする壁がある．この壁に $h = 0.25$ m のときの物体 2 が勢いよくぶつかる．これはこのときの s_2 がこの装置で測定できる範囲を越えてしまっていることを意味する．

(ii) $h = 0.10$ m のときに物体 1 が斜面の途中で止まってしまって点 Q にまで到達しない．

(i) が起きたときはレールのワックスを拭き取りすべりを悪くする（動摩擦係数 μ を大きくする）ことにより s_2 を小さくし物体 2 が壁にぶつからないようにすること．(ii) が起きたときはワックスを追加してすべりをよくする（μ を小さくする）ことで点 Q まで物体 1 が到達できるようにすること．

なお上の（　）内に示したようにワックスの調節は μ の調節を意味するが，実験の間は μ は一定に保たなければならないので一度実験 2 を始めたらワックスの調節は行わないこと．

実験 2 を始めてから調節が必要なことがわかった場合は，調節を行った後に実験 2 をはじめからやり直してもらうことになるので注意．

実験 3

物体 2 はとりのぞき，図のように茶色のレールの代わりに黒色のビニールテープのレールを，物体 1 としてボルトではなく実験 1 でも用いた鋼球を用いる．水平棒の位置に鋼球の中心が一致するように鋼球を手で支え，手を静かに離す．レールを転がりながら落ちる鋼球の点 Q での速度 v を実験 2 と同様に 4 通りの h についてそれぞれ 5 回 (計 20 回) 測定を行う．実験 2 と異なり衝突はないので，s_1, s_2 に対応する測定は実験 3 ではない．

2.5 第 1 章にある' 平均値と標準偏差' の復習と補足

(1) (記号法の確認)

物理量 A の測定を' 偶然におきる' 誤差以外は同じ条件で N 回繰り返し (本実験種目では $N = 5$)，その l 回目の測定値が A_l と表そう．この N 個の測定値の平均値を $\overline{A}$，標準偏差を $\sigma(A)$ と表そう．すなわち，

$$\overline{A} = \frac{1}{N}\sum_{l=1}^{N} A_l, \quad \sigma(A) = \sqrt{\frac{1}{N}\sum_{l=1}^{N}\left(A_l - \overline{A}\right)^2}$$

(2) 「2 乗する計算」と「平均をとる計算」の順序を変えると結果は一般的に変化する．すなわち，平均値 $\overline{A}$ を求めたあとそれをを 2 乗した値 $(\overline{A})^2$ は 各測定値を 2 乗 A_l^2 した後にそ

れを平均した値 $\overline{A^2}$ と比べて一般的には異なり，

$$\sigma(A) = \sqrt{\overline{A^2} - (\,\overline{A}\,)^2} \tag{2.24}$$

である．$\sigma(A) \geq 0$ と式 (2.24) より

$$\overline{A^2} \geq (\,\overline{A}\,)^2 \tag{2.25}$$

もわかる．式 (2.25) で等号が成り立ち $\overline{A^2} = (\,\overline{A}\,)^2$ となるのはすべての測定値が同じ値（すべての l について $A_l = \overline{A}$ ）で $\sigma(A) = 0$ のときだけである．

2.6　結果の整理

実験 1

(1) 4 種類の x ごとに重力加速度

$$g = \frac{(\,\overline{v}\,)^2}{2x} \tag{2.26}$$

を計算せよ．(2.26) で，$\overline{v} = \dfrac{1}{5}\displaystyle\sum_{l=1}^{5} v_l$ である．以下の補足も見よ．また，MKS 単位を用いるので，x の単位は [cm] ではなく [m] であることにも注意．

(2) (補足)

(2.26) の代わりに

$$g = \frac{\overline{v^2}}{2x} \tag{2.27}$$

を計算する考え方もありうる．(2.27) で，$\overline{v^2} = \dfrac{1}{5}\displaystyle\sum_{l=1}^{5} v_l^2$ である．$A = v$ の場合の式 (2.25) から，(2.26) と (2.27) は異なることがわかる．「計算が楽な方を用いる」という方針で，ここでは (2.27) ではなく (2.26) の方を採用することにする．

(3) 担当教員から指示があった場合は，各 x ごとに

$$g_\pm \equiv \frac{\{\overline{v} \pm \sigma(v)\}^2}{2x} \tag{2.28}$$

を計算せよ．g の偶然誤差は各 x ごとに $g_+ - g_-$ で与えられる．

なお，v の偶然誤差は標準偏差を用いて考慮するが，落下距離（実験 1 の x，実験 2,3 の h）の誤差は考慮しないことにする．

実験 2

(1) $\overline{v}, \overline{s_1}, \overline{s_2}$ を各 h の値ごとに求める．

(2) 上で求めた $\overline{v}, \overline{s_1}, \overline{s_2}$ と $g = 9.8\ \mathrm{m/s^2}$ を設問 3 で導かれている式に代入し，各 h ごとに e, μ を求める．

(3) 横軸が $(\,\overline{v}\,)^2$，縦軸が $\overline{s_1}, \overline{s_2}$ のグラフ 1 を描く．図 2.5 のように，$\overline{s_1}$ と $\overline{s_2}$ でプロット点を違うシンボルにするのが望ましい．

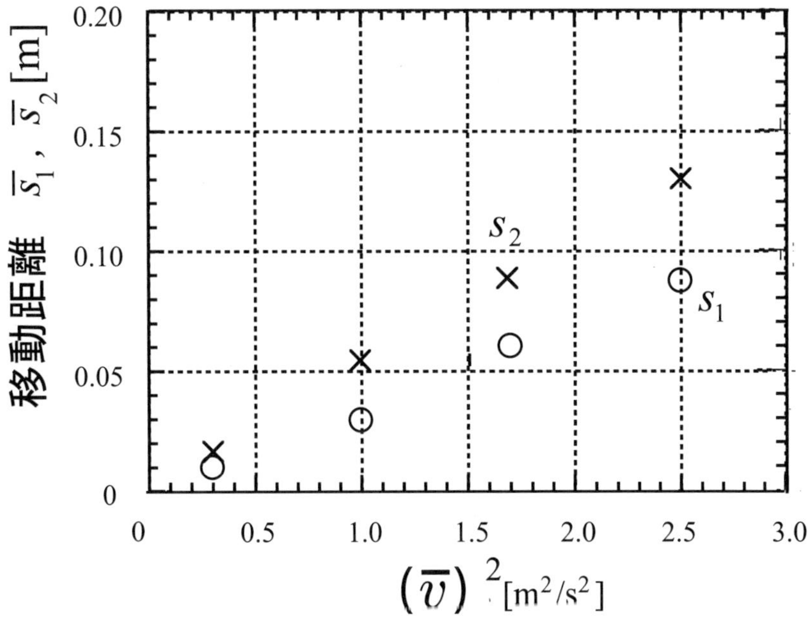

図 2.5　グラフ 1(実験 2 のデータ)．ここで v は物体 1 の衝突直前の（点 Q での）速さ．また衝突してから止まるまでの物体 1，2 の移動距離をそれぞれ s_1, s_2 とする．

(4) (2.28) と同様に，v, s_i の $(i = 1, 2)$ の偶然誤差は復号同順の式

$$v_{\pm} \equiv \overline{v} \pm \sigma(v) \tag{2.29}$$

$$s_{i,\pm} \equiv \overline{s_i} \pm \sigma(s_i) \tag{2.30}$$

を用いて議論できる．$(\ \overline{v}\ ), \overline{s_i}$ も $v_{\pm}, s_{i,\pm}$ も各 h ごとに違う値になることに注意．グラフ 1 でこの偶然誤差を表すエラーバーを描くとすると，横軸方向のエラーバーの両端は v_+^2, v_-^2 に縦軸方向のエラーバーの両端は $s_{i,+}, s_{i,-}$ になる．グラフ 1 ではプロット点を結ぶ直線をひいていないが，直線を引くとすればこのエラーバーを考慮する必要がある．どの程度エラーバーの計算，すなわち，(2.29) と (2.30) の計算をするかについては担当教員の指示に従うこと．

(5) 横軸を h，縦軸を $(\ \overline{v}\ )^2$ としてグラフ 2 を描く (図 2.6)．この縦軸はグラフ 1 の横軸とまったく同じである．図ではエラーバーを省略しているが，グラフ 2 の縦軸のエラーバーを描くとすればグラフ 1 の横軸のエラーバーと同じになる．エラーバーをかく場合はそれも考慮して実験 2 のプロット点を大体通る直線の傾き c[m/s^2] と切片 d[m^2/s^2] を求めよ．エラーバーをどの程度考慮するかは担当教員の指示に従うこと．式 (2.7) からは $c = 2g$, $\mu = -d/(ac)$ となることが予想されるが，様々な原因のため c は $2g$ =19.6 m/s^2 からかなりずれることが多い．

以下の μ の計算では c はグラフ 2 の傾きを用い，19.6 m/s^2 は用いないこと．実験中に定規や巻き尺で確かめた図 2.4 の $a = 0.50$[m] とグラフ 2 から求めた c, d を $\mu = -d/(ac)$

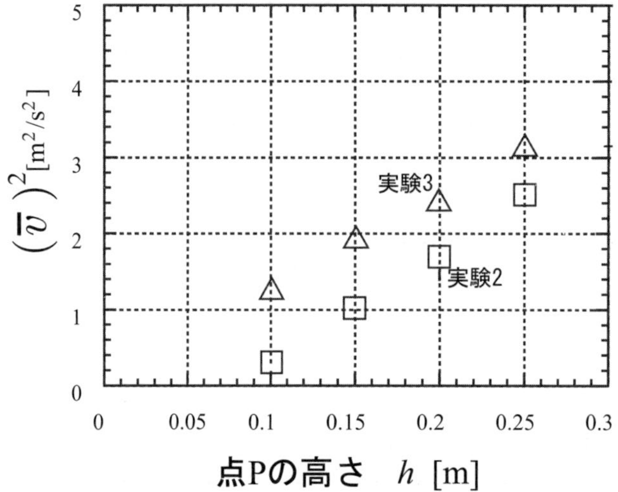

図 **2.6**　グラフ **2**(実験 **2** と実験 **3** のデータ)．ここで v は物体 **1** や鋼球の点 **Q** での速さ．

に代入して得られる μ と (2) で求めた μ を比較せよ．

注: (2) で求めた μ も (5) でグラフ 2 から求めた μ もいずれも測定値を理論式に代入して得られた．したがって一方の μ を理論値，他方の μ を測定値と分類することはできない．

実験 3

実験 2 のデータを描いたグラフ 2 に実験 3 のデータも実験 2 (5) と同様な方法でかき加える．そのプロット点を（エラーバーをかく場合はそれも考慮して）結ぶ直線の傾きと切片を求め，式 (2.14) から予想される傾き $10g/7$，切片ゼロと比較せよ．

2.7　設問

設問 1

実験 2 で用いる茶色のレール面にはすべりやすい素材が，実験 3 で用いるレール面にはすべりにくい黒ビニールテープが貼ってある．実験 2 と実験 3 ですべりにくさの違うレールを使わなければならない理由を，(2.8) が成り立つために必要な条件と関連づけて説明せよ．

設問 2

2.2.1 (b) 節の球の回転運動の運動エネルギーは $I(\mathrm{d}\theta/\mathrm{d}t)^2/2$ であり，これに並進運動の運動エネルギーと重力による位置エネルギーを足したものがこの球の力学的エネルギーとなる．2.2.1 (b) 節の球の力学的エネルギーが保存されていることを式 (2.14) を用いて示せ[3]．

[3] 面と面が互いにすべるとき，まさつ熱が発生し力学的エネルギーはその分減少するが，2.2.1 (b) 節の球の場合すべりがおきていないので力学的エネルギーは保存されている．

設問 3

式 (2.22), (2.23) に対応する $\dfrac{\overline{s_1}}{(\overline{v}\ )^2} = \dfrac{(1-e)^2}{8\mu g}$ と $\dfrac{\overline{s_2}}{(\overline{v}\ )^2} = \dfrac{(1+e)^2}{8\mu g}$ より $e = \dfrac{\sqrt{\overline{s_2}} - \sqrt{\overline{s_1}}}{\sqrt{\overline{s_2}} + \sqrt{\overline{s_1}}}$ と $\mu = \dfrac{(\overline{v}\ )^2}{2g(\sqrt{\overline{s_2}} + \sqrt{\overline{s_1}})^2}$ を導け．

設問 4

(2.24) を証明せよ．

2.8 参考: 平均速度と瞬間速度

速度計の中心位置を $x = x_c$ とすると，2 つの赤外線センサー a，b の位置は $x_a = x_c - l/2$, $x_b = x_c + l/2$ となる．ここで，$l = 0.040$ m は　センサー間の距離である．$x = x_a, x_c, x_b$ を物体が通過する時刻をそれぞれ $t = 0, t_c, t_b$ とし，$0 < t < t_b$ の間の加速度は一定 A であったとする．この間の物体の位置や速度は $x = x_a$ での速度を v_a として式 (2.1), (2.2) に $x(0) = x_a$, $v(0) = v_a$ を用いれば与えられる．すなわち

$$x(t) = x_a + v_a t + \frac{A}{2}t^2 \tag{2.31}$$

$$v(t) = v_a + At \tag{2.32}$$

である．式 (2.31) と $x(t_c) - x_a = l/2$, $x(t_b) - x_a = l$ より

$$t_c = \left(-v_a + \sqrt{v_a^2 + Al}\right)/A \tag{2.33}$$

$$t_b = \left(-v_a + \sqrt{v_a^2 + 2Al}\right)/A \tag{2.34}$$

が求まる．式 (2.33) と式 (2.32) より速度計の中心での瞬間速度 $v_c = v(t_c)$ は

$$v_c = v_a\sqrt{1 + \frac{Al}{v_a^2}} \tag{2.35}$$

と求まる．一方，速度計は物体がセンサー間を移動する時間差 t_b を検出し，それから平均の速度 $v_{av} = (x_b - x_a)/t_b = l/t_b$ を表示する．これは式 (2.34) より

$$v_{av} = \frac{v_a}{2}\left(1 + \sqrt{1 + 2\frac{Al}{v_a^2}}\right) \tag{2.36}$$

と求まる．マクローリン展開 $\sqrt{1+x} = 1 + (x/2) - (x^2/8) + \cdots$ を用いると

$$v_c = v_a\left[1 + \frac{1}{2}\frac{Al}{v_a^2} - \frac{1}{8}\left(\frac{Al}{v_a^2}\right)^2 + \cdots\right] \tag{2.37}$$

$$v_{av} = \frac{v_a}{2}\left[2 + \frac{Al}{v_a^2} - \frac{1}{2}\left(\frac{Al}{v_a^2}\right)^2 + \cdots\right] \tag{2.38}$$

が求まる．以上から Al/v_a^2 で展開すると 1 次の項まで一致し，2 次の項から違いがでることがわかる．以上の式を実験 1 の場合に空気抵抗の効果が小さく $A = g$ や $2gx = v^2$ がよくなりたつと仮定して当てはめてみよう．測定で用いる x_a の最小のもの，$x_1 - l/2 = 0.58$ m，を x_{1a} と表すと，

$v_a^2 = 2gx_a > 2gx_{1a}$ であり，また $A = g$ であるから，$Al/v_a^2 < gl/(2gx_{1a}) = l/(2x_{1a}) \simeq 0.034$. よって，$|v_c - v_{av}|/v_c < (Al/v_a^2)^2 < (0.034)^2$ より v_c と v_{av} の差は最大でも v_c の 0.1%程度である．

第 3 章

波と振動

3.1　目的

自然界には，水を伝わる波，空気を伝わる波と多くの波動現象が存在する．これらの波動現象では，いずれも，何かの状態が，あるいは状態の変化が，次々と隣り合った部分へ伝播する．水波や音波は，それぞれ水や空気の振動，つまり運動の状態が伝わる波である．ラジオやテレビで利用される電磁波は真空中を伝わる電磁気的な波動である．ここでは，先ず，波動現象の中でもっとも基本的な 1 個の振動子の運動–単振動–について学ぶ．続いて，2 個の振動子が弾性体で結合されている連成振動子の運動を学ぶ． 複数の振動子が弾性体でつながれている場合，弾性体を通しておこる振動子間のエネルギーの周期的移動と振動子をつないでいる弾性体による連成振動子の基準振動数の増加について理解する．また，連成振動では振動子の周期を測定することにより，振動子の結合に使用している弾性体の剛性率を求める．

3.2　原理

振動の基本である 1 個の振動子の運動について説明する．1 個の振動子の系では，運動エネルギーと位置エネルギーの和は保存する．続いて，2 個の振動子が弾性体でつながっているときの振動の運動方程式を解き，エネルギーの移動を説明する．2 個の振動子の場合，それぞれの振動子の力学的エネルギー（運動エネルギー＋位置エネルギー）の和に 2 つの振動子をつなぐ弾性体 (ここでは鋼線を使用) の弾性エネルギーを加えたエネルギーが保存する．

3.2.1　単振動

(a)　単振動の運動方程式

図 3.1 は，重力下で水平軸 O のまわりに自由に回転できる質量 M[kg] の剛体振動子を表す．この剛体振動子の単振動の運動を考える．剛体の軸 O のまわりの慣性モーメントを I [kgm^2]，軸 O と重心 G の間の距離を R [m] とする．また，軸 O，重心 G を含む面と鉛直面がなす角を φ [rad] とする．軸 O まわりの重力のモーメント N [Nm] は，紙面に垂直裏から表へ向く方向を正として，

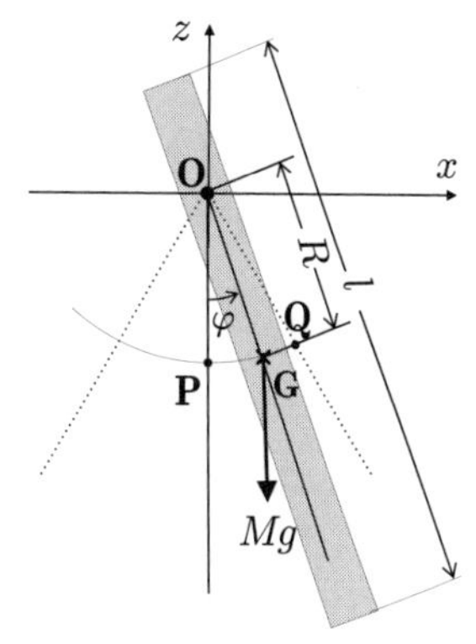

図 3.1　剛体振動子

$$N = -MgR\sin\varphi \tag{3.1}$$

で与えられ，この剛体振動子の運動方程式は，

$$I\frac{\mathrm{d}^2\varphi}{\mathrm{d}t^2} = -MgR\sin\varphi \tag{3.2}$$

となり，φ が小さければ $\sin\varphi \simeq \varphi$ としてよいから，

$$\frac{\mathrm{d}^2\varphi}{\mathrm{d}t^2} = -\frac{MgR}{I}\varphi \tag{3.3}$$

となる．この方程式の一般解 φ は角振動数 [rad/s]

$$\omega = \sqrt{MgR/I} \tag{3.4}$$

を用いれば，

$$\varphi = A\cos(\omega t + \alpha) \tag{3.5}$$

と表される．ここで，A, α は初期条件で決まる定数であり，この単振動の周期 [s] は

$$T = \frac{2\pi}{\omega} = 2\pi\sqrt{I/(MgR)} \tag{3.6}$$

となる (3.6 節参照).

(b)　単振動のエネルギー保存則: 位置エネルギーと運動エネルギー

まず，一般的に運動エネルギーと位置エネルギーの和が保存することを示す．単振動の運動エネルギー K [J] は

$$K = \frac{I}{2}\left(\frac{\mathrm{d}\varphi}{\mathrm{d}t}\right)^2 \tag{3.7}$$

と表せる．式 (3.2) より，

$$\frac{I}{2}\frac{\mathrm{d}}{\mathrm{d}t}\left(\frac{\mathrm{d}\varphi}{\mathrm{d}t}\right)^2 = I\frac{\mathrm{d}^2\varphi}{\mathrm{d}t^2}\frac{\mathrm{d}\varphi}{\mathrm{d}t} = -MgR\sin\varphi\frac{\mathrm{d}\varphi}{\mathrm{d}t} = \frac{\mathrm{d}}{\mathrm{d}t}\left(MgR\cos\varphi\right) \tag{3.8}$$

となる．両辺を t で積分すれば，

$$\frac{I}{2}\left(\frac{\mathrm{d}\varphi}{\mathrm{d}t}\right)^2 = MgR\cos\varphi + C_0 \tag{3.9}$$

となる．よって，

$$K = \frac{1}{2}I\left(\frac{\mathrm{d}\varphi}{\mathrm{d}t}\right)^2 = MgR\cos\varphi + C_0 \tag{3.10}$$

となる．ここで，C_0 は初期条件で決まる定数である．例えば，点 $\mathrm{Q}(\varphi = \varphi_0)$ の位置にある剛体振動子を静かに放す場合，点 Q で $K = 0$ であるから，

$$K = MgR(\cos\varphi - \cos\varphi_0) \tag{3.11}$$

となるので，$C_0 = -MgR\cos\varphi_0$ となる．一方，位置エネルギー U は重心 G の高さで決まる．任意の時刻 t で U は，点 P を基準にして ($\varphi = 0$ のとき $U = 0$),

$$U = MgR(1 - \cos\varphi) \tag{3.12}$$

と表される．式 (3.10) と (3.12) より，

$$K + U = MgR + C_0 = MgR(1 - \cos\varphi_0) \tag{3.13}$$

となり，エネルギー保存則が成り立つ．

次に，微小振動の場合を考える．ここで，$|\varphi| \ll 1$ で成り立つ関係式 $\cos\varphi \simeq 1 - \varphi^2/2$ を用いる．時刻 $t = 0$ で，点 $\mathrm{Q}(\varphi = \varphi_0)$ の位置にある剛体振動子を静かに放し，単振動をさせる場合 (式 (3.5))，時刻 t での剛体振動子の角度 φ は式 (3.4) で定義される ω を用いて，

$$\varphi = \varphi_0 \cos(\omega t) \tag{3.14}$$

と表せる．よって，式 (3.7) より，

$$K = \frac{I\varphi_0^2\omega^2}{2}\sin^2\omega t = \frac{MgR\varphi_0^2\sin^2\omega t}{2} \tag{3.15}$$

となる．また，位置エネルギーは

$$U = MgR(1 - \cos\varphi) \simeq \frac{MgR\varphi^2}{2} = \frac{MgR\varphi_0^2\cos^2\omega t}{2} \tag{3.16}$$

となる．式 (3.15) と (3.16) から，

$$K + U = \frac{MgR\varphi_0^2}{2} \tag{3.17}$$

となる．合計の値は時間によらず，その値は点 Q での位置エネルギーに等しい．式 (3.17) は式 (3.13) を φ_0 で展開したとき，2 次まで正しい式である．

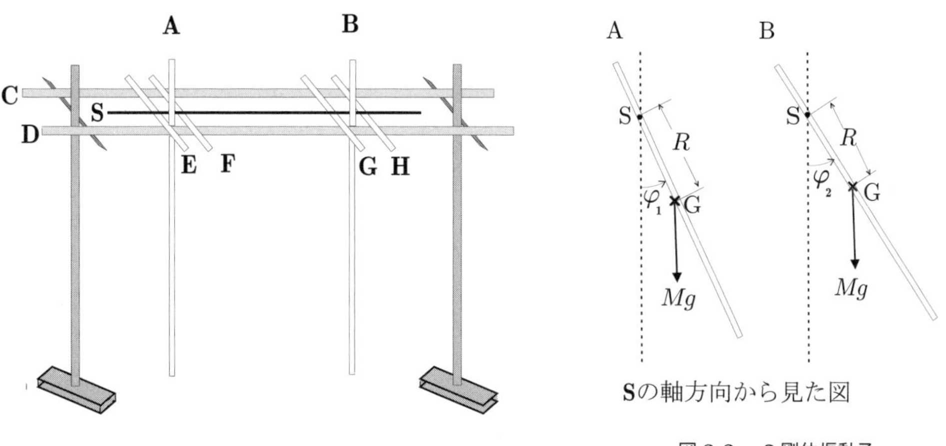

図 3.2 連成振動

図 3.3 2 剛体振動子

3.2.2 連成振動

(a) 弾性体で連結された 2 個の剛体振動子の全エネルギー

図 3.2 は連成振動の実験の概略図である．2 個の剛体振動子 A，B が一様な弾性体の鋼線 S で連結されている．図 3.3 は図 3.2 を鋼線 S の軸方向から見た図である．A，B を振動させると，A，B は重力を復元力とし，弾性体 S のねじれの力を結合力 (剛性率との関係は設問 2 参

照) とする連成振動をする．この連成振動の運動を調べる．

図3.3のように，A，Bは軸Sのまわりを振動するとし，軸Sから重心までの距離を R，A，Bの質量を M，慣性モーメントを I とする．A，Bの回転の運動方程式は，それぞれの角度変位を φ_1, φ_2 として，

$$I\frac{\mathrm{d}^2\varphi_1}{\mathrm{d}t^2} = -MgR\sin\varphi_1 + c(\varphi_2 - \varphi_1) \tag{3.18}$$

$$I\frac{\mathrm{d}^2\varphi_2}{\mathrm{d}t^2} = -MgR\sin\varphi_2 + c(\varphi_1 - \varphi_2) \tag{3.19}$$

となる．ここで，弾性体Sのねじれの角度 $(\varphi_1 - \varphi_2)$ が微小なときは，弾性体Sの復元力のモーメントは $(\varphi_1 - \varphi_2)$ に比例するが，その比例定数を c と表した． $(\varphi_1 - \varphi_2)$ は無次元の量であるので，c の単位は [Nm] である．

ここで，2個の振動子の全エネルギー E(A, Bの振動子の力学的エネルギーの単純和で，鋼線の弾性エネルギーを含まない) を単振動子の場合と同様に求める．運動エネルギーと位置エネルギーの和は，

$$E = \frac{I}{2}\left(\frac{\mathrm{d}\varphi_1}{\mathrm{d}t}\right)^2 + \frac{I}{2}\left(\frac{\mathrm{d}\varphi_2}{\mathrm{d}t}\right)^2 + MgR(1-\cos\varphi_1) + MgR(1-\cos\varphi_2) + C \tag{3.20}$$

となる．ここで，C は初期条件で決まる定数である．この式の両辺を t で微分すれば，

$$\frac{\mathrm{d}E}{\mathrm{d}t} = I\frac{\mathrm{d}\varphi_1}{\mathrm{d}t}\frac{\mathrm{d}^2\varphi_1}{\mathrm{d}t^2} + I\frac{\mathrm{d}\varphi_2}{\mathrm{d}t}\frac{\mathrm{d}^2\varphi_2}{\mathrm{d}t^2} + MgR\sin\varphi_1\frac{\mathrm{d}\varphi_1}{\mathrm{d}t} + MgR\sin\varphi_2\frac{\mathrm{d}\varphi_2}{\mathrm{d}t} \tag{3.21}$$

となる．これに，式 (3.18),(3.19) を代入すれば，

$$\frac{\mathrm{d}E}{\mathrm{d}t} = c(\varphi_2 - \varphi_1)\frac{\mathrm{d}\varphi_1}{\mathrm{d}t} + c(\varphi_1 - \varphi_2)\frac{\mathrm{d}\varphi_2}{\mathrm{d}t} = -\frac{c}{2}\frac{\mathrm{d}(\varphi_2 - \varphi_1)^2}{\mathrm{d}t} \tag{3.22}$$

$$\frac{\mathrm{d}}{\mathrm{d}t}\left[E + \frac{c}{2}(\varphi_2 - \varphi_1)^2\right] = 0 \tag{3.23}$$

となる．この式を t で積分すれば，

$$E + \frac{c}{2}(\varphi_2 - \varphi_1)^2 = C_1(\text{定数}) \tag{3.24}$$

の関係式が得られる．ここで，$c(\varphi_2 - \varphi_1)^2/2$ は鋼線の弾性エネルギーで，C_1 は初期条件で決まる定数である．よって，式 (3.24) は鋼線の弾性エネルギーと2剛体振動子の全エネルギーの和は保存することを表している．

重力によるエネルギーに対して鋼線の弾性エネルギーが小さい場合 $(c/R \ll Mg)$ には，A，B振動子のエネルギーが弾性体を通して交互に入れかわることを (c) で説明する．

(b)　2個の剛体振動子の運動 (微小振動)

2個の剛体振動子A，Bの振動の振幅が小さい場合，それらの運動を具体的に解き，エネルギーの移動を調べてみよう．$\sin\varphi_1 \simeq \varphi_1, \sin\varphi_2 \simeq \varphi_2$ とおけば，剛体振動子の運動方程式

(3.18)，(3.19) は

$$I\frac{\mathrm{d}^2\varphi_1}{\mathrm{d}t^2} = -MgR\varphi_1 + c(\varphi_2 - \varphi_1) \tag{3.25}$$

$$I\frac{\mathrm{d}^2\varphi_2}{\mathrm{d}t^2} = -MgR\varphi_2 + c(\varphi_1 - \varphi_2) \tag{3.26}$$

となる．式 (3.25) と (3.26) の和は

$$I\frac{\mathrm{d}^2}{\mathrm{d}t^2}(\varphi_1 + \varphi_2) = -MgR(\varphi_1 + \varphi_2) \tag{3.27}$$

一方，式 (3.25) と (3.26) の差は

$$I\frac{\mathrm{d}^2}{\mathrm{d}t^2}(\varphi_1 - \varphi_2) = -(MgR + 2c)(\varphi_1 - \varphi_2) \tag{3.28}$$

となり，$(\varphi_1 + \varphi_2)$，$(\varphi_1 - \varphi_2)$ はそれぞれの角度について単振動することがわかる．その一般解は，

$$\varphi_1 + \varphi_2 = C_1 \sin(\omega_1 t + \alpha_1), \qquad \omega_1 = \sqrt{MgR/I} \tag{3.29}$$

$$\varphi_1 - \varphi_2 = C_2 \sin(\omega_2 t + \alpha_2), \qquad \omega_2 = \sqrt{(MgR + 2c)/I} \tag{3.30}$$

となる．ここで ω_1 は振動子が単独で振動している場合の振動数，ω_2 は振動子を結合している弾性体の弾性エネルギーの効果を取り入れた振動数 $(\omega_2 > \omega_1)$ である．一方, 上式の定数 C_1, C_2, α_1, α_2 は初期条件できまる．よって，剛体振動子 1，2 の運動は

$$\varphi_1 = \frac{C_1}{2}\sin(\omega_1 t + \alpha_1) + \frac{C_2}{2}\sin(\omega_2 t + \alpha_2) \tag{3.31}$$

$$\varphi_2 = \frac{C_1}{2}\sin(\omega_1 t + \alpha_1) - \frac{C_2}{2}\sin(\omega_2 t + \alpha_2) \tag{3.32}$$

と表される．

式 (3.31)，(3.32) を見ると，A，B の振動角度は 2 つの角度の単振動 $(C_1/2)\sin(\omega_1 t + \alpha_1)$ と $(C_2/2)\sin(\omega_2 t + \alpha_2)$ の和または差の振動になっていることがわかる．この様に，複雑な連成振動を単純な単振動の“重ね合わせ”で表せるとき，これらの単振動をこの系の基準振動 (normal modes of vibration)，またその振動数を基準振動数（または固有振動数）という．一般に N 個の自由度（剛体振動子の数）をもつ連成振動系の微小振動においては，N 個の基準振動があり，各自由度に対する座標の時間的変化は N 個の基準振動の 1 次結合として取り扱うことができる．また，式 (3.29) と (3.30) の比較より，$c \ll MgR$ の場合, 振動子をつなぐことによる基準振動の角振動数の増加率 $(\omega_2 - \omega_1)/\omega_1$ は弾性エネルギーの係数 c [Nm] と振動子に働く重力の位置エネルギーの係数 MgR [Nm] との比 (c/MgR, 設問 4) で表される．

(c) 2 個の剛体振動子の振幅の時間変化 (エネルギーの移動)

いま初期条件を，$t = 0$ において

$$\varphi_1 = a, \qquad \varphi_2 = 0, \qquad \frac{\mathrm{d}\varphi_1}{\mathrm{d}t} = 0, \qquad \frac{\mathrm{d}\varphi_2}{\mathrm{d}t} = 0$$

とし，式 (3.31), (3.32) の定数を決めると，

$$C_1 = C_2 = a, \qquad \alpha_1 = \alpha_2 = \pi/2$$

となる．よって，

$$\varphi_1 = \frac{a}{2}(\cos\omega_1 t + \cos\omega_2 t) = a\cos\left(\frac{\omega_2-\omega_1}{2}t\right)\cos\left(\frac{\omega_2+\omega_1}{2}t\right) \tag{3.33}$$

$$\varphi_2 = \frac{a}{2}(\cos\omega_1 t - \cos\omega_2 t) = a\sin\left(\frac{\omega_2-\omega_1}{2}t\right)\sin\left(\frac{\omega_2+\omega_1}{2}t\right) \tag{3.34}$$

となる．$\omega_1 \simeq \omega_2 (c \ll MgR)$ のとき，A，B の振動 φ_1, φ_2 は角振動数 $(\omega_1+\omega_2)/2$ で変化するが，その振幅は角振動数 $\omega_2 - \omega_1$ $(\omega_2 > \omega_1)$ でうなりのようにゆるやかに変化していく (図 3.4, うなりの振動数は $(\omega_2-\omega_1)/2$ でないことに注意)．それぞれの剛体振動子のエネルギーはその振幅の 2 乗に比例するから（式 (3.17)），エネルギーの移動がこの時間周期 τ[s] でおこっていることがわかる．A，B の角度の振動周期 T は

$$T = 4\pi/(\omega_1+\omega_2) \tag{3.35}$$

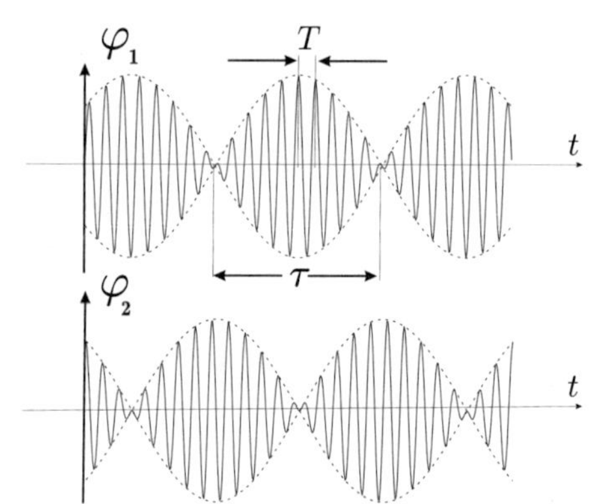

図 3.4　φ_1, φ_2 の時間的変化

に対し，剛体振動子の間のエネルギーの移動の周期 τ は

$$\tau = 2\pi/(\omega_2-\omega_1) \tag{3.36}$$

と非常に長くなる．

(d)　基準振動モード

式 (3.31), (3.32) から分かるように，φ_1, φ_2 は 2 つの基準振動 $(C_1/2)\sin(\omega_1 t+\alpha_1)$, $(C_2/2)\sin(\omega_2 t+\alpha_2)$ の和または差となる．ここで $C_2 = 0$ とおくと，

$$\varphi_1 = \varphi_2 = (C_1/2)\sin(\omega_1 t+\alpha_1) \tag{3.37}$$

となり，A，B は基準角振動数 ω_1 のみの同位相の振動となる (図 3.5(a))．一方，$C_1 = 0$ とおくと，

$$\varphi_1 = \frac{C_2}{2}\sin(\omega_2 t+\alpha_2),\quad \varphi_2 = -\frac{C_2}{2}\sin(\omega_2 t+\alpha_2) \tag{3.38}$$

となり，A，B の振動の角度は逆位相であるが，基準角振動数 ω_2 のみの振動となる (図 3.5(b))．このような基準振動の周期を測定することにより，基準振動数 ω_1, ω_2 が直接求められ，A，B の任意の振動はこの基準振動 (図 3.5(a)，(b) の振動) の重ね合わせとして扱うことができる．

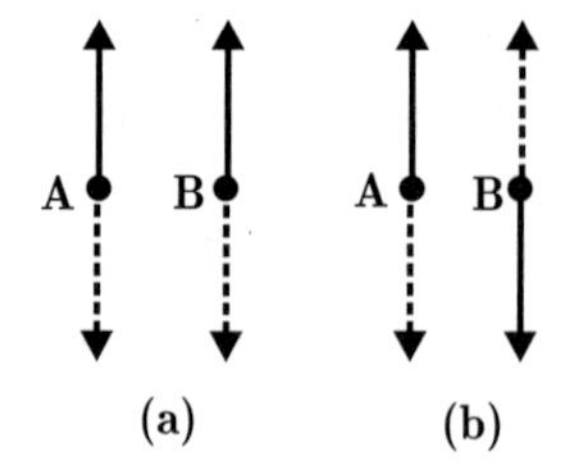

図 3.5　基準振動モード：　(a) 同位相，(b) 逆位相

(e) 同位相，逆位相による基準振動の正確な測定

A, B を連結している鋼線 S の中点に指標 X を固定する．図 3.5(a)(角振動数 ω_1 の基準振動) のモードにたいしては，X は A, B と同じ振動をするので，指標 X の振動を測定すればよい．一方，図 3.5(b)(角振動数 ω_2 の基準振動) の振動に対しては，指標 X は動かない．動かないことを確かめ，A（または B) の振動を測定すればよい．

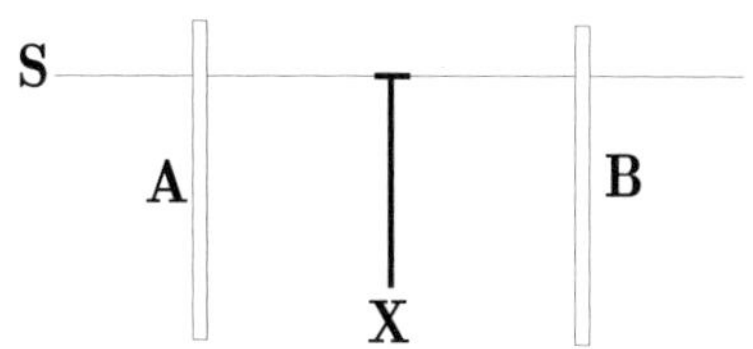

図 3.6 基準振動モードの測定と指標 X

3.3 装置

単振動装置，連成振動装置，物指し，ストップウオッチ，電卓 (各自持参)，上皿天秤，マイクロメータ，ノギス，カウンター．

3.4 方法

3.4.1 実験 1: 単振動

棒 A を図 3.2 のようにセットする．このとき，棒 B は取り外しておく．鋼線 S は水平に，また，棒 A は自然の状態で鉛直下方を向くように S に固定する．A を S に固定するネジはネジ山がつぶれない範囲で強くしめる．支えの E, F の間隔は適当にとり，S が変形しないように注意する．

$$\varphi_1 = a,\ \frac{\mathrm{d}\varphi_1}{\mathrm{d}t} = 0 \tag{3.39}$$

の初期条件で，A を振動させる．

(1) A の振動の周期 T を，100 周期分 ($100T$) を 2 回測定することにより求めよ．その結果より，単振動の角振動数 ω(式 (3.6)) を求めよ．

(2) 下記の式を用いて，慣性モーメント I を求めよ．その結果を用いて，単振動の角振動数 ω を求め，上記の測定値と比較せよ． M は棒の質量 (天秤で測定)，l は棒の長さ，R は棒の重心と支軸間の距離である (図 3.3 参照，物指しで測定)．

$$I = M\frac{l^2}{12} + MR^2. \tag{3.40}$$

3.4.2 実験 2: 連成振動

棒 B も図 3.2 のように S につなげる．つなげ方は，A の場合と同じである．同位相，逆位相の振動を測定する必要があるので，指標 X を A，B を連結する鋼線 S の中点に固定しておく (3.2.2 節 (e) 参照)．初期条件を変えて，ω_1, ω_2 を求める．

(a)　同位相の振動 (図 3.5(a)): ω_1 の決定 (エネルギーの移動なし)

$$\varphi_1 = \varphi_2 = a,\ \frac{\mathrm{d}\varphi_1}{\mathrm{d}t} = \frac{\mathrm{d}\varphi_2}{\mathrm{d}t} = 0$$

の初期条件で A，B を振動させる．

(1) 棒 A の周期 T_1 を, 100 T_1 を 2 回測定することにより求めよ (正確な測定方法については 3.2.2 節 (e) 参照)．T_1 より，ω_1(式 (3.29)) を求めよ．

(b)　逆位相の振動 (図 3.5(b)): ω_2 の決定 (エネルギーの移動なし)

$$\varphi_1 = -\varphi_2 = a,\quad \frac{\mathrm{d}\varphi_1}{\mathrm{d}t} = \frac{\mathrm{d}\varphi_2}{\mathrm{d}t} = 0$$

の初期条件で A，B を振動させる．

(2) 棒 A の周期 T_2 を，$100T_2$ を 2 回測定することにより求めよ (正確な測定方法については 3.2.2 節 (e) 参照)．T_2 より，ω_2(式 (3.30)) を求めよ．ω_2 が (a) の ω_1 より大きくなるのは，鋼線 S の復元力が単振動の運動に加わることによる（設問 4)．

(c)　任意の振動: ω_1 と ω_2 の重ね合わせ (エネルギーの移動あり)

$$\varphi_1 = a,\ \varphi_2 = 0,\ \frac{\mathrm{d}\varphi_1}{\mathrm{d}t} = \frac{\mathrm{d}\varphi_2}{\mathrm{d}t} = 0$$

の初期条件で A，B を振動させる．

(3) 棒 A の周期 T_3(式 (3.35) の T) を，$10T_3$ を 2 回測定することにより求めよ．

(4) 棒 A の振幅のうなりの周期 τ を, 10τ を 2 回測定することにより求めよ．

(5) 上で求めた T_3, τ から ω_1，ω_2 を求め，(1)，(2) の結果と比較せよ．

式 (3.35)，(3.36) から導かれる以下の式を用いよ．

$$\omega_1 = \pi\left(\frac{2}{T_3} - \frac{1}{\tau}\right),\ \omega_2 = \pi\left(\frac{2}{T_3} + \frac{1}{\tau}\right). \tag{3.41}$$

3.4.3　振動子と弾性体の結合定数 c とねじれ剛性率 G の計算

(a)　c の計算

式 (3.29)，(3.30) より，

$$c = \frac{I}{2}(\omega_2^2 - \omega_1^2) \tag{3.42}$$

と表される．上で得た値を用いて，c を求めよ．

(b)　G の計算

鋼線 S の剛性率 G と c との関係式

$$c = \frac{\pi G r^4}{2L} \tag{3.43}$$

より G [Nm^{-2}] を求めよ．ここで，L [m] は棒 A，B の間の間隔（物指しで測定)，r [m] は鋼線 S の半径（マイクロメータで測定）である．求めた値を鉄の鋼線の剛性率の定数値 (7.8-8.4$\times10^{10}$[Nm^{-2}]）と比較せよ．

3.5 設問

設問 1

剛体の慣性モーメント I が下式で与えられることを示せ (力学・波動（浅田等, 日新出版) の 7 章, p.101 の式 (7.23) と p.104 の表 7.2 を参考).

$$I = M\frac{l^2}{12} + MR^2. \tag{3.44}$$

設問 2

結合力の係数 c とねじれ剛性率 G の関係式を求めよ (力学・波動（浅田等, 日新出版) の 8 章, p.130,131 の式 (8.38),(8.39) を参考).

$$c = \frac{\pi G r^4}{2L}. \tag{3.45}$$

設問 3

A, B をつなぐ弾性体の結合定数 c と基準振動の角振動数の関係式 (3.42) を求めよ.

設問 4

MgR の値を求め, 3.4.3 節 (a) で求めた c の値と比較し, $c \ll MgR$ であることを確かめよ. このとき, うなりの周期と剛性率との関係 ($(\omega_2 - \omega_1)/\omega_1 \simeq c/MgR$) を導け.

3.6 参考: 単振動と等速円運動

半径 A の円周上を物体 P が反時計回りに各速度 ω で等速円運動をしている (図 3.7). 時刻 $t = 0$ で S の位置にあるとする. 時刻 t での z 軸からの回転角は $\omega t + \alpha$ となるから, 時刻 t における位置の x 座標は

$$x = A\sin(\omega t + \alpha) \tag{3.46}$$

となる. 一般に, 単振動の変位の時間的変化は式 (3.46) で表される. ここで, sin 中の角度 $(\omega t + \alpha)$ を時刻 t での位相, $t = 0$ での位相 α を初期位相とよぶ. 位相はその点での振動の状態を決める量であり, 正弦波の場合, 2π の整数倍の任意性をもつ. 周期 T は $2\pi/\omega$ である.

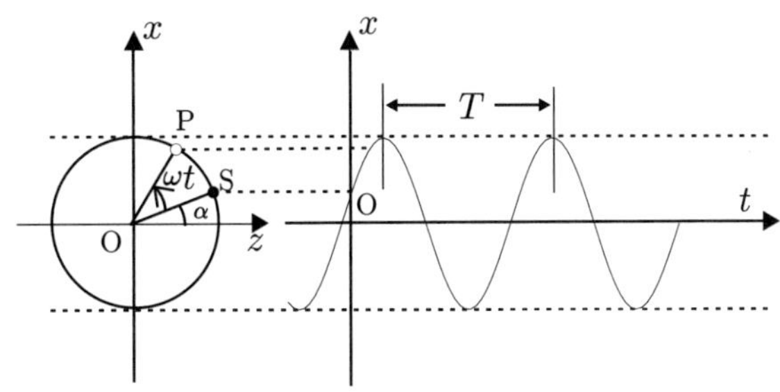

図 3.7 単振動と等速円運動

第 4 章

分光器によるスペクトルの測定

4.1 目的

いろいろな光源のスペクトルをプリズム分光器で測定する．まず始めに，分光器の較正曲線を作り，次に，これを利用して別の光源からのスペクトル線の波長を推定する．これらスペクトルの観測を通して，原子構造についての理解を深める．

4.2 原理

(1) 分散と分光器の原理

太陽光や白熱電灯からの白色光はプリズムを透過すると，いろいろな色の光に分かれる．この現象を**分散**といい，分かれた色の列を**スペクトル**，色のおのおのをスペクトル線という．これは，光の振動数の違いにより屈折率が異なるため，それぞれの色の光がその振動数に応じた角度で屈折されるためである (図 4.1 参照)．いろいろな物質の原子からの光のスペクトルを調べることで，物質の原子構造を理解する上で大いに役立つ情報が得られる．今回の実験では，簡単なプリズム分光器を用いる．なお，原子からのスペクトルをより精度よく測定するための実験装置として，プリズムの代わりに回折格子を用いたもの (回折格子分光器) がある．

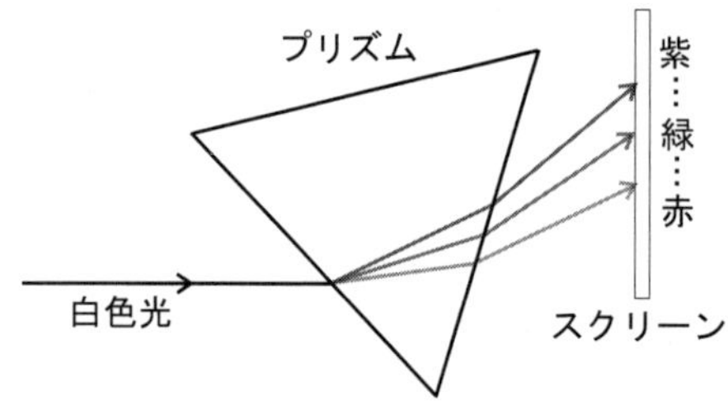

図 **4.1**　プリズムによる光の分散

(2) 較正曲線

図 4.2 のようなプリズム分光器の場合，プリズムの材質，プリズムの頂角などの光学系が異なると，同一の波長のスペクトル線でも，それらが現れる目盛の位置が分光器ごとに異なる．そこで，ある分光器について，既知のスペクトル線の波長と，それらの現れる目盛

上の位置との関係を求め，図 4.3 のようなグラフに表しておくと，この分光器を用いて測定した未知のスペクトル線の波長を推定することができる．その結果，測定したスペクトル線を発生させている原子 (元素) を推定することができる．この曲線を分光器の**較正曲線**(こうせい) (calibration curve) という．

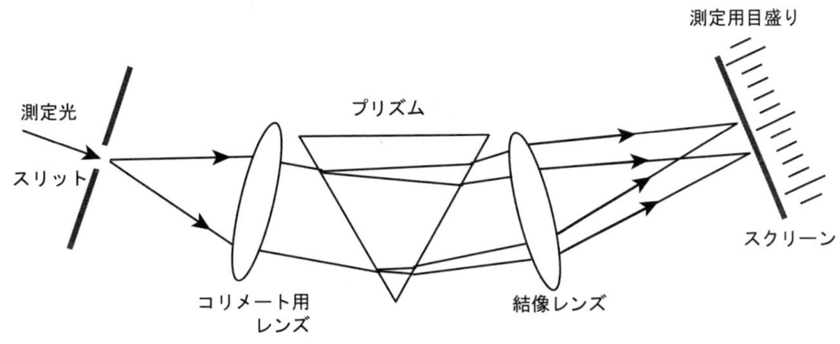

図 **4.2**　プリズムを用いた分光器の原理

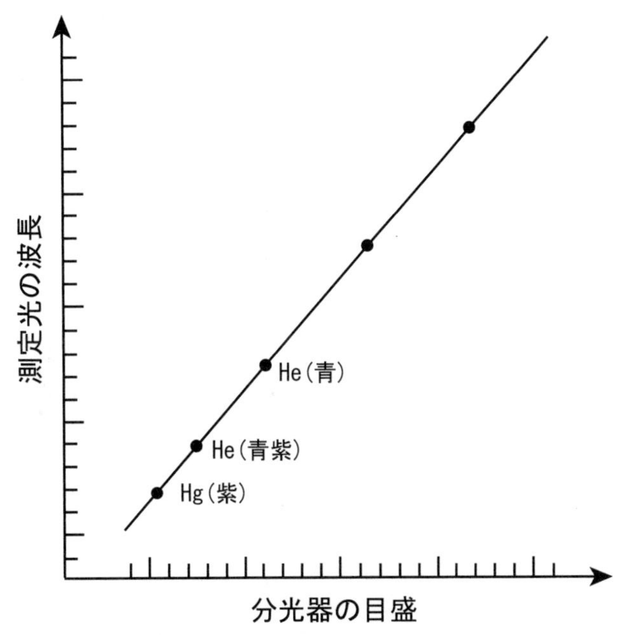

図 **4.3**　分光器の較正曲線

4.3　装置・測定準備

4.3.1　装置

分光器，各種の光源 (Hg，Cd ランプ，He，Ne，H 放電管，蛍光灯，白熱電球など)．

4.3.2　測定方法

(1) 光源の点灯方法

(a) Hg（水銀），Cd（カドミウム）の真空管形状のランプの場合：図 4.4 のように，各ランプをランプソケット ① に上↑下↓の矢印を合わせて差し込む．電源装置の POWER スイッチ ③ を ON にし，START ボタン ④ をランプのフィラメントが赤みを帯びるまで（5 秒程度）押した後，指を離してランプを点灯させる．ランプフード ② の窓を分光器に向けて，フードをかぶせ軽くネジ止めする．ランプが点灯して，約 10 分後に安定した光となる．なお、水銀殺菌灯に用いられる Hg ランプは長時間直視しないこと．

(b) He（ヘリウム），Ne（ネオン），H（水素）などの放電管形状のランプの場合：放電管の電極を上端のフォルダ部分のバネに押しつけ，下端のフォルダに差し込む．電源スイッチを ON にすると放電管は点灯する．

注意: 放電管の両端の電極には，高電圧が加わるため、放電管を持つ際には感電およびやけど防止のため、軍手を必ず使用し，体にふれないように十分注意すること．

(2) 分光器の調整 (図 4.5 参照)

(a) 光源を分光器のスリットの前方約 3cm の所において，光源のスペクトルが望遠鏡の視野の中に入るようにする．望遠鏡は鏡筒全体が左右に少し動かせるようになっている．

(b) 望遠鏡の鏡筒の長さを調節して，スペクトル線に焦点を合わせる．

(c) スリットの幅は測定に障害がない範囲で，できるだけ細くしたほうがスペクトル線が細くなり，測定精度が良くなる．

(d) 卓上の電球スタンドを点灯して分光器のスケールを照明し，望遠鏡を覗いて，その目盛の像がスペクトル線と一緒に見えるように調節する．

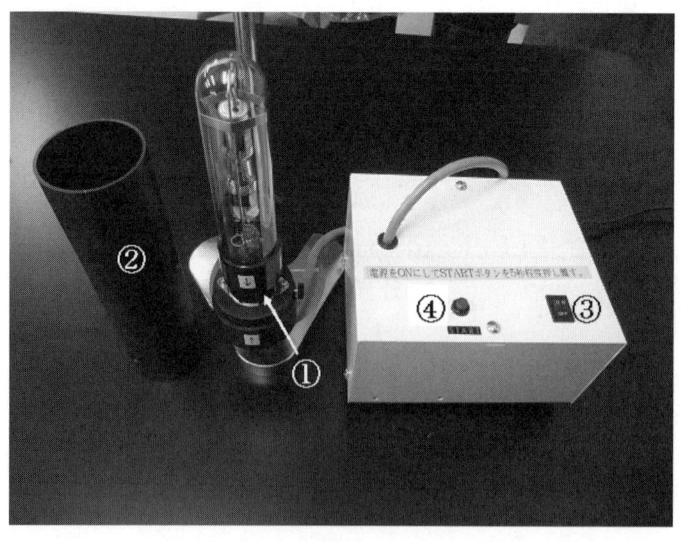

図 4.4　真空管形状ランプ用電源装置

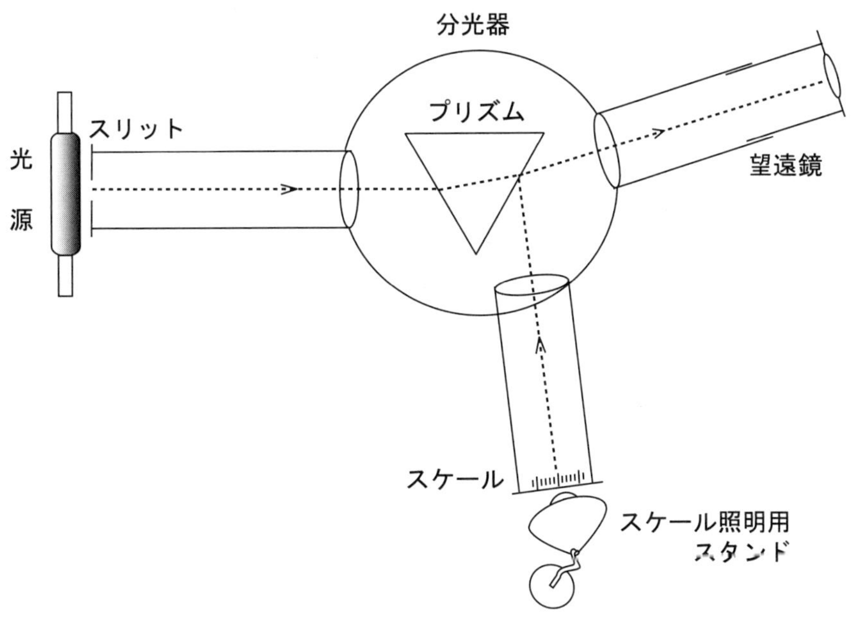

図 4.5　プリズム分光器

4.4　実験 1: 較正曲線の作成

4.4.1　目的

既知波長のスペクトル光源として，Hg ランプと He 放電管を用いて，較正曲線を作成する．

4.4.2　方法・手順

(1) 図 4.6 で示されたスペクトル線の分布と観測したスペクトル線の分布が一致することを確認し，それぞれ対応するスペクトル線の位置でのスケールの目盛を読みとり記録する．Hg ランプ及び He 放電管の 2 種類について測定する．その際，望遠鏡の鏡筒を左右に少し動かし，見える範囲全部を観察することに注意せよ．

(2) 観測した 2 種類のスペクトル線の位置の目盛と，それに対応する波長 [図 4.6 に記入されている値，nm 単位，($1\mathrm{nm} = 10^{-9}\mathrm{m}$)] を，それぞれ横軸と縦軸にとって 1 枚のグラフ用紙にまとめて記録し，図 4.3 に示したような較正曲線 (ここでは直線となる) を作る．

4.5　実験 2: 較正曲線を用いたスペクトルの推定

4.5.1　目的

実験 1 で得られた較正曲線を利用して，種々の光源のスペクトル線の波長を求める．

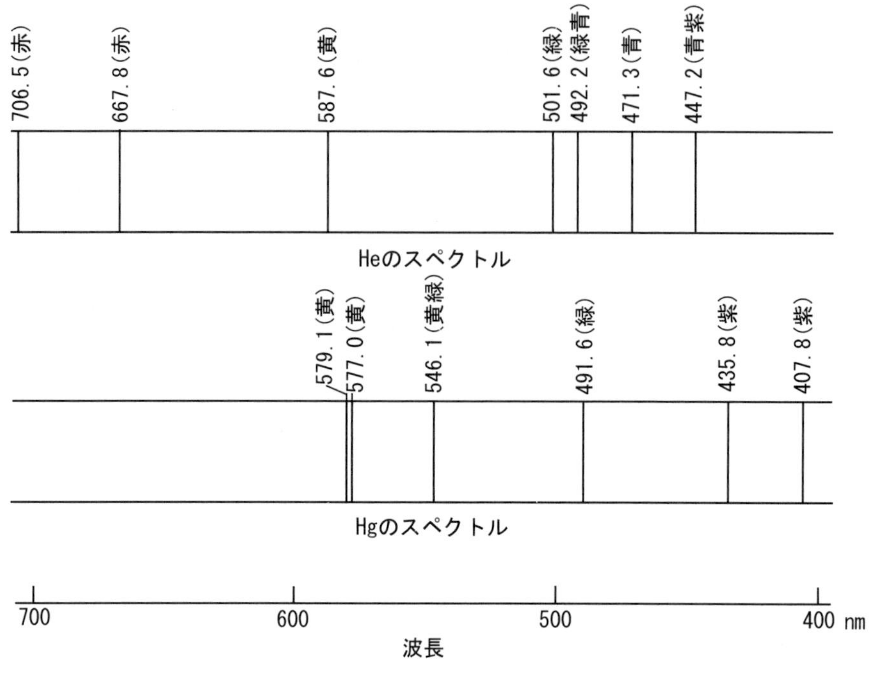

図 **4.6**　**He** と **Hg** のスペクトル

4.5.2　方法・手順

(1) Cd，Ne，H の主要スペクトルを測定し，較正曲線よりスペクトル線の波長を求めよ．

(2) 蛍光灯および電灯の光のスペクトルを観察して記録せよ．蛍光灯のスペクトル線から中に入っている物質を推定せよ (蛍光灯は，内部に入れてある物質の蒸気により発生した光が，ガラス表面の蛍光物質を励起して光っている)．また，電灯の光については，赤黄などのそれぞれの色のおおよその波長範囲を調べよ．

4.5.3　結果の整理

測定した波長を，表 4.1 にある Cd，Ne，H の主要スペクトル線の波長と比較対照した表を作り，両方の差の値も示せ．この表から，作成した較正曲線による波長決定精度がどれぐらいか求めよ．

4.6　設問

設問 1

H 原子スペクトルのバルマー系列の式 [参考の式 (4.1)] に $n = 3$ とリュードベリ定数 $R = 1.097 \times 10^7\ \ \mathrm{m}^{-1}$ を代入して，放出される光の波長 λ[nm] を計算せよ．次に，H 原子スペクトル測定の実験データと比べて，これがどの色のスペクトル線に対応するか，推定せよ．

カドミウム (Cd)		ネオン (Ne)		水素 (H)	
波長 [nm]	色	波長 [nm]	色	波長 [nm]	色
643.8	赤	703.2	赤	656.3	赤
508.6	緑	640.2	赤	486.1	青
480.0	青	614.3	橙	434.1	青紫
467.8	青紫	585.3	強い黄	410.2	紫

表 4.1 主要スペクトル線の波長

設問 2

H 原子スペクトル測定で求めたその他の 2 つの波長は，式 (4.6) においてそれぞれ $n=4$，および，$n=5$ から $n'=2$ へ遷移するときの光の波長に相当する．そこで，バルマー系列の式 [参考 (4.1) 式] に実験で求めた H 原子スペクトルの 3 つの波長とそれに対応する指数 n をそれぞれ代入してリュードベリ定数 R の値を計算し，その平均値 $\overline{R}$ と定数値 $R=1.097\times10^7\ \mathrm{m}^{-1}$ を比較せよ．

4.7 参考: 水素原子より発生する線スペクトル

原子から放出される光の波長には，各原子特有の規則性があることが知られている．以下では，最も簡単な水素原子からの線スペクトルの規則性について述べる．1885 年にバルマーは，水素原子から出る可視部の線スペクトルの波長間に存在する関係式を発見した．この関係式によって表される一群のスペクトルをバルマー系列とよぶ．1890 年にリュードベリによって，水素原子以外にも適用できる一般式が発見された．その一般式をバルマー系列に適応させると，波長 λ [m] は次式で与えられる．

$$\frac{1}{\lambda}=R\left(\frac{1}{2^2}-\frac{1}{n^2}\right)\qquad[\mathrm{m}^{-1}]\qquad n=3,4,5,\cdots\qquad(\text{バルマー系列})\tag{4.1}$$

ここで，R はリュードベリ定数とよばれ，その実験値は $R=1.097\times10^7\mathrm{m}^{-1}$ である．

1906 年にライマンは，水素スペクトルの紫外部に次式で表されるスペクトル系列を発見した．

$$\frac{1}{\lambda}=R\left(\frac{1}{1^2}-\frac{1}{n^2}\right)\qquad[\mathrm{m}^{-1}]\qquad n=2,3,4,\cdots\qquad(\text{ライマン系列})\tag{4.2}$$

次いで 1908 年にパッシェンは，水素スペクトルの赤外部に次式で表されるスペクトル系列を発見した．

$$\frac{1}{\lambda}=R\left(\frac{1}{3^2}-\frac{1}{n^2}\right)\qquad[\mathrm{m}^{-1}]\qquad n=4,5,6,\cdots\qquad(\text{パッシェン系列})\tag{4.3}$$

図 4.7 は，水素原子エネルギー準位と上記の各スペクトル系列を階段的に図示したものである．以上は，実験的に見つけられた関係式であるが，1913 年にボーアは，プランクの導入した定数 h (プランク定数) を用いた量子論による原子模型を提案し，水素原子の出すスペクトル線の実験結果を理論的に説明した．ボーアは，当時知られていた原子の惑星模型 (原子は重い正の

電荷を持つ原子核とそのまわりを運動している数個の負電荷の電子から成るとする) において，電子の角運動量はとびとびの値しか取れないと仮定して，定常状態における電子の力学的エネルギーを次式のように求めた．

$$E_n = -\frac{me^4}{8\varepsilon_0^2 h^2} \cdot \frac{1}{n^2} = -\frac{13.58}{n^2} \quad [\mathrm{eV}] \qquad n = 1, 2, 3, \cdots \tag{4.4}$$

ここで，ε_0 は真空の誘電率，e は電子 1 個の電荷量の大きさ (素電荷) を表す．さらにボーアは，エネルギーの大きい軌道から小さい軌道に飛び移るとき，電磁波の形でエネルギーが放出されると仮定した．この放出される電磁波の振動数 ν は，エネルギー準位の高い状態 E_n から低い状態 $E_{n'}$ に移ったとき $(n > n')$，次式によって与えられる．

$$h\nu = E_n - E_{n'} \tag{4.5}$$

式 (4.4) を式 (4.5) に代入し，$\nu = c/\lambda$(ここで c は真空中の光速) を用いると，

$$\frac{1}{\lambda} = \frac{me^4}{8\varepsilon_0^2 h^3 c}\left(\frac{1}{n'^2} - \frac{1}{n^2}\right) \tag{4.6}$$

が得られる．この式を上記の実験式と比較すると，リュードベリ定数は

$$R = \frac{me^4}{8\varepsilon_0^2 h^3 c} \tag{4.7}$$

と与えられる．ボーアは，式 (4.7) の右辺に陰極線，黒体放射など当時の実験から決められていた定数 $e, m, h, c, \varepsilon_0$ (付録の物理定数参照) を用いたところ R の値が実験値とよく一致することを見出した．

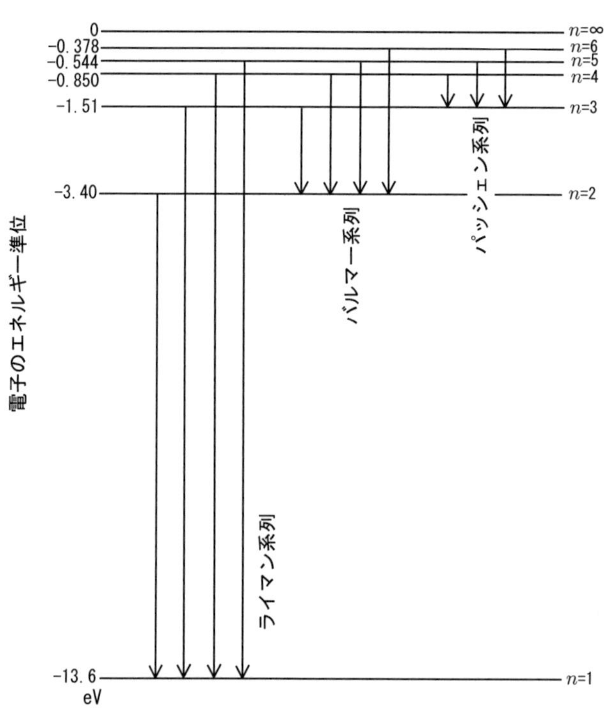

図 **4.7**　水素原子のエネルギー準位とスペクトル系列

第 5 章

レーザー光の回折と干渉

5.1　目的

He-Ne レーザー光を用いた干渉や回折の実験により，光の波動性についての理解を深める．まず始めに，複スリットおよび回折格子 (対物マイクロメータの目盛線) による干渉縞の間隔を測定し，使用したレーザー光の波長を求める．次に，単スリットおよび円孔からの回折光強度分布の間隔からスリットの幅や円孔の直径を求める．

5.2　原理

5.2.1　ホイヘンスの原理

波は障害物があってもその裏側へ回り込んで進んでいくという性質をもっている．この波動現象特有の性質を**回折**と呼ぶ．この性質は，ホイヘンスの原理を用いて定性的に説明できる．すなわち，波が空間を伝わるとき，ある瞬間の波面 (同じ位相にある点を連ねてできる面) 上の各点を波源とする球面波 (素元波という) が発生し，これらの素元波に共通に接する面が次の瞬間の波面になると考える．この原理を用いれば，図 5.1 に示すように，速さ v の球面波の時刻 t での波面 $S(t)$ から，Δt 後にできる波面 $S(t+\Delta t)$ が求められ，さらにその波が幅の狭いスリットを通過する際に生じる回折現象を説明できる．

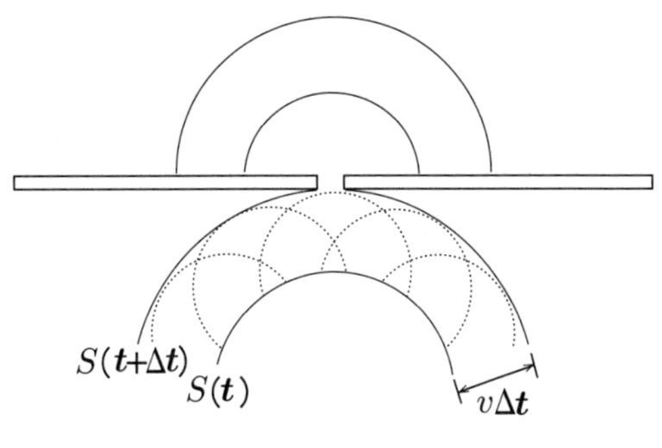

図 5.1　ホイヘンスの原理

5.2.2　干渉

(a)　複スリットによる干渉

2 つの波が重なるとき，それぞれの波の変位が同じならば強めあい，逆向きならば弱めあう．このように，波が重なって強めあったり，弱めあったりする現象を**干渉**という．この波動の特性を表す最も簡単な例が図 5.2 のようなヤングの干渉実験である．図 5.2 において，間隔 d の

スリット S_1, S_2 の中点を O とし，O からスクリーン上に引いた垂線との交点を P，スリット面とスクリーン間の距離を L とする．位相のそろった平面波を，幅の狭い複スリット S_1, S_2 に垂直に入射させると，S_1, S_2 を通過した光は回折し，球面波（素元波）が広がりながら進み，スクリーン上で重なりあい干渉する．スクリーン上の任意の点 Q におけるスリット S_1，S_2 からの光波の変位（電磁波の電場成分の値）$y_{1,\mathrm{Q}}$，$y_{2,\mathrm{Q}}$ は

$$y_{1,\mathrm{Q}} = \frac{c}{r_1}\sin\left(\frac{2\pi}{\lambda}r_1 - \omega t\right) \tag{5.1}$$

$$y_{2,\mathrm{Q}} = \frac{c}{r_2}\sin\left(\frac{2\pi}{\lambda}r_2 - \omega t\right) \tag{5.2}$$

と表される．ここで，c は定数で，λ, ω はそれぞれ光の波長と角振動数を表し，r_1, r_2 はそれぞれ S_1Q および S_2Q 間の距離である．距離 L がスリット間隔 d および PQ 間の距離 X に比べて十分大きい ($L \gg d, L \gg X$) とすれば，スリットからの球面波はスクリーン上の観測領域で平面波と見なせ，さらに r_1 と r_2 の距離の差による波の振幅の違いはないと近似できるので，式 (5.1) と (5.2) の振幅 $\dfrac{c}{r_1}$ と $\dfrac{c}{r_2}$ は共通の定数値 A としてよい．このとき，2 つの波の合成波の変位は

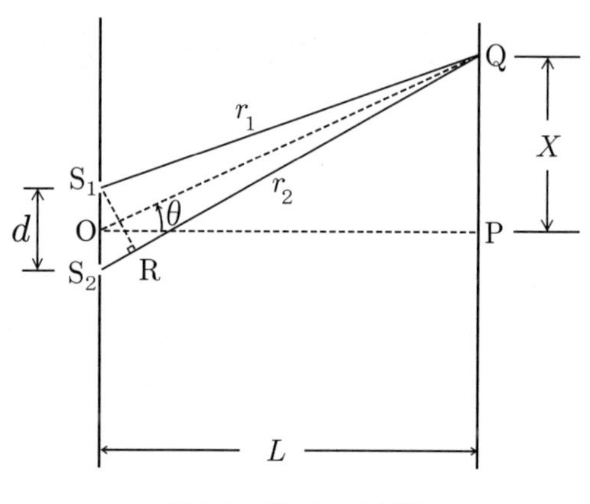

図 5.2　複スリット干渉

$$y_{\mathrm{Q}} = y_{1,\mathrm{Q}} + y_{2,\mathrm{Q}} = 2A\cos\left[\frac{\pi}{\lambda}(r_2 - r_1)\right]\sin\left[\frac{\pi}{\lambda}(r_1 + r_2) - \omega t\right] \tag{5.3}$$

となる．観測される光の強度 (波のエネルギー)I_{Q} は，変位の振幅 [すなわち式 (5.3) で時間を含まない項] の 2 乗に比例するので，

$$I_{\mathrm{Q}} \propto \left\{2A\cos\left[\frac{\pi}{\lambda}(r_2 - r_1)\right]\right\}^2 \tag{5.4}$$

と表される．したがって，スクリーン上の光の強度は光路差 $r_2 - r_1$ の関数として周期的に変化することが分かる．角度 $\angle$QOP を θ，S_1Q 間の距離 r_1 と等距離にある S_2Q 上の点を R とする．角度 θ は，反時計回りを正とする．距離 L がスリット間隔 d に比べて十分大きい場合，S_1Q，S_2Q，OQ 間をそれぞれ結んだ 3 直線は近似的に平行であると見なすことができる．このとき，$\angle S_2RS_1 \simeq \pi/2$ かつ $\angle S_2S_1R \simeq \theta$ と近似できる．これより距離の差 $r_2 - r_1$ は

$$r_2 - r_1 \simeq d\sin\theta \tag{5.5}$$

と表され，光路差が波長の整数倍

$$r_2 - r_1 \simeq d\sin\theta = m\lambda \qquad (m = 0, \pm1, \pm2\cdots) \tag{5.6}$$

のとき強め合い明線となる．一方，光路差が波長の半奇数倍

$$r_2 - r_1 \simeq d\sin\theta = \frac{2m+1}{2}\lambda \qquad (m = 0, \pm1, \pm2\cdots) \tag{5.7}$$

のとき弱め合い暗線となる．このとき，光強度 I_Q は図 5.3 のようになる．

図 5.2 より $\sin\theta$ を L と PQ 間 X（$\theta > 0$ のとき $X > 0$, $\theta < 0$ のとき $X < 0$）で表すと

$$\sin\theta = \frac{X}{\sqrt{L^2 + X^2}} \tag{5.8}$$

となり，X の絶対値が L に比べて十分小さい ($|X| \ll L$) 場合，次のように近似できる．

$$\sin\theta = \frac{X}{\sqrt{L^2 + X^2}} \simeq \frac{X}{L} \tag{5.9}$$

式 (5.6)[または (5.7)] と (5.9) より，隣り合う明線（または暗線）の間隔 $x = X_{m+1} - X_m$ と光の波長 λ との関係は

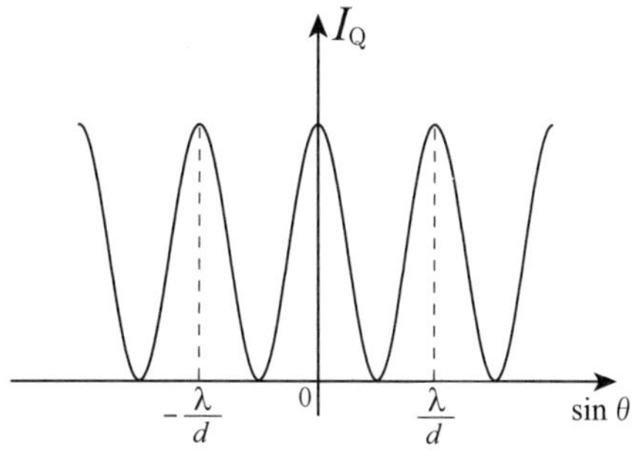

図 5.3　複スリットからの光干渉強度分布

$$\lambda \simeq d\frac{X_{m+1}}{L} - d\frac{X_m}{L} = d\frac{x}{L} \tag{5.10}$$

と表すことができ，L, d, x を測定すれば光の波長を求めることができる．

レーザー光は，単一周波数の平面波に非常に近い光であるから，明線と暗線が鮮明な図 5.3 に近い干渉縞を観測することができる．しかし，白熱電球や蛍光灯などの一般の光源からの光は，ランダムな波面をもつ多波長の光であるため複スリット S_1 と S_2 間の波の位相差が時間的にランダムに変動する．そのため，波長に依存した間隔をもつ多数の干渉縞がスクリーン上でランダムに重なり合い平均化されて一様な強度分布となる．この干渉縞の鮮明度が光の可干渉性 (コヒーレンス) の良し悪しの指標とされていることから，レーザー光はコヒーレンスが非常に良い光であるといえる．

(b)　多数スリット (回折格子) による干渉

次に，多数の同じスリットが等間隔に並んだもの (回折格子とよぶ) による干渉について考える．図 5.4 のように，幅の十分狭い開口が等間隔 d で N 個並んでいる多数スリットに平面波を垂直に入射させると，各開口を通過した光は回折し，干渉する．スリットからスクリーンまでの距離 L が，多数スリットの広がり Nd に比べ十分大きい ($L \gg Nd$) とすると，上記の複スリットの場合と同様に，各開口から出てスクリーン上の任意の点 Q に集まる光線はスリット面で近似的に平行と見なすことができる．したがって，図 5.4 より，それぞれ隣り合うスリットからの平行光線の光路差 $d\sin\theta$ が波長の整数倍のとき，すべての開口から同じ角度 θ で回折する光は同位相となり，スクリーン上の Q 点で強め合う．この明線の条件式は

$$d\sin\theta = m\lambda \qquad (m = 0, \pm1, \pm2\cdots) \tag{5.11}$$

となる．この式を満足する θ からわずかにずれた方向では，離れた開口の間で光の位相差が大きくなり，同位相から逆位相条件に近づき，光は互いに打ち消すようになるので，スクリーン上の強度は急激に減少することになる．図 5.5 が多数スリットの代表的な強度分布 $I_{Q,N}$ である．図 5.3 の複スリットの場合と異なり，明線が急峻に現れることが分かる．

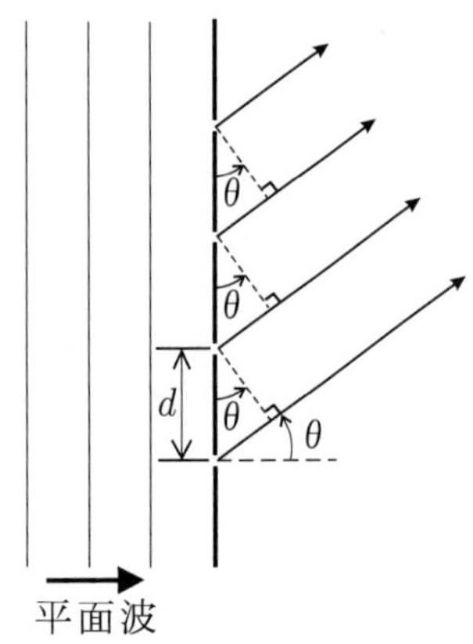

図 5.4　多数スリット干渉

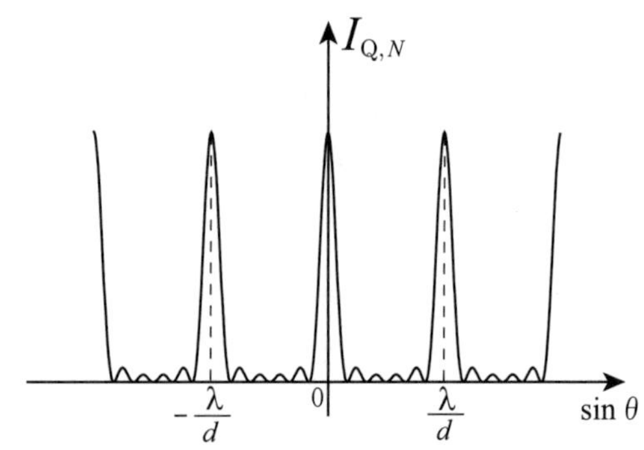

図 5.5　多数スリットからの光干渉強度分布

5.2.3　単スリットからの回折

今まで，スリットの開口幅は十分小さいとして回折への影響を無視してきた．ここでは，単スリットの開口の広がりの影響について述べる．図 5.6 のように，幅 a のスリットに平面波を垂直に入射させ，回折した光を距離 L 離れたスクリーン上で観測する．スリットの中心を O，O からスクリーン上に垂直に下ろした直線の交点を P とおく．スクリーン上の任意の点 Q での光の変位は，ホイヘンスの原理と波の干渉性を併せた原理により求めることができる．すなわち，波面上の各点から発生した素元波 (球面波) が伝搬し，重なり合い

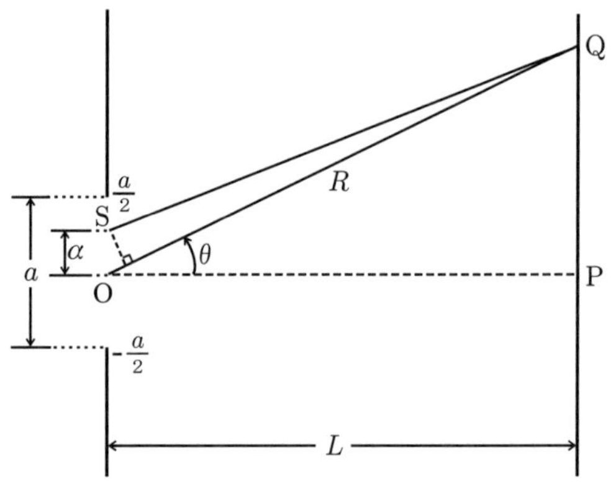

図 5.6　広がった開口からの回折

干渉した結果を，任意の場所での波面の変位と考える．この考えをフレネルが初めて数式化して光の回折を説明したので，これを**ホイヘンス-フレネルの原理**と呼ぶ．その後，キルヒホッフによって数学的に厳密な積分公式にまとめられた．この原理により，スクリーン上の任意の点 Q での強度は，スリット面上での各素元波の影響を点 Q で積分した結果の合成変位の振幅の 2 乗で求められる．平面波をスリットに垂直に入射させた場合を考えると，中心 O から出て点 Q に到達する素元波の変位 y_Q は，

$$y_Q = A\sin\left(\frac{2\pi}{\lambda}R - \omega t\right) \tag{5.12}$$

と表される．ここで，R は OQ 間の距離であり，A は素元波のスクリーン上での振幅である．距離 L が PQ 間の距離に比べて十分大きいとすると，素元波はスクリーン上の観測領域で平面波と見なせる．図 5.6 において，O から α だけ離れた任意の点 S からの素元波の変位 $y_{\mathrm{Q}}(\alpha)$ は，$L \gg a$ の場合，上述の多数スリットと同様に線分 SQ と OQ を近似的に平行と見なせ，線分の距離の差を $\alpha\sin\theta$ と表すことができるので，

$$y_{\mathrm{Q}}(\alpha) = A\sin\left[\frac{2\pi}{\lambda}(R-\alpha\sin\theta)-\omega t\right] \tag{5.13}$$

と表される．平面波の垂直入射の場合，スリット面上での素元波はすべて同じ振幅と位相で発生し，さらに $L \gg a$ の場合，距離の差によるスクリーン面上の振幅の違いはないと近似でき，A は α によらず一定とおいてよい．したがって，幅 a 間の素元波のすべての影響を合成した点 Q における変位 u_{Q} は，式 (5.13) を α で積分することで

$$u_{\mathrm{Q}} = A\int_{-\frac{a}{2}}^{\frac{a}{2}} \sin\left[\frac{2\pi}{\lambda}(R-\alpha\sin\theta)-\omega t\right]\mathrm{d}\alpha \tag{5.14}$$

$$= Aa\frac{\sin\left(\frac{\pi}{\lambda}a\sin\theta\right)}{\frac{\pi}{\lambda}a\sin\theta}\sin\left(\frac{2\pi}{\lambda}R-\omega t\right) \tag{5.15}$$

と求まる．

スクリーン上の任意の点 Q における回折光の強度 I_{Q} は，式 (5.15) の変位の振幅の 2 乗に比例するので，

$$I_{\mathrm{Q}} \propto (Aa)^2\left[\frac{\sin\left(\frac{\pi}{\lambda}a\sin\theta\right)}{\frac{\pi}{\lambda}a\sin\theta}\right]^2 \tag{5.16}$$

と表される．この強度分布を図 5.7 に示した．式 (5.16) から，条件

$$\sin\theta = m\frac{\lambda}{a} \qquad (m=\pm1,\pm2\cdots) \tag{5.17}$$

のとき強度は 0 になり，回折光の干渉によって図 5.7 のような明暗の干渉縞が生じることが分かる．

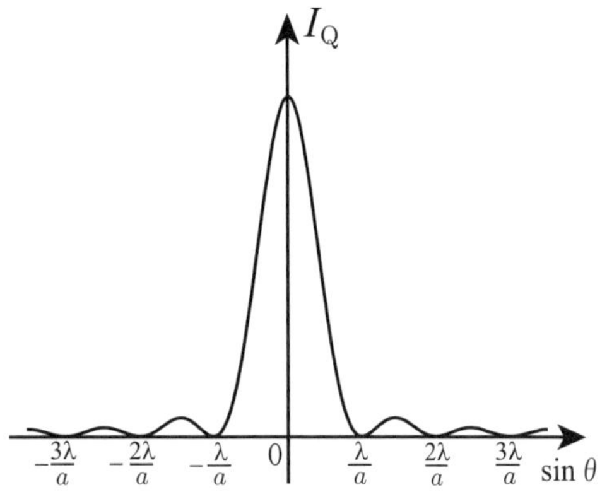

図 5.7 広がった開口からの回折光強度分布

前述の複スリットおよび多数スリットによる干渉の計算においても，厳密な計算ではここで示した各スリット広がりの回折への影響を考慮する必要がある．スリットの幅 a はスリット間隔 d より小さい [すなわち $(\lambda/a) \gg (\lambda/d)$ である] ので，式 (5.6)，(5.11) と式 (5.17) の比較から図 5.3，図 5.5 の干渉縞強度分布に比べて図 5.7 の回折強度分布は広がることが分かる．実際にスリット幅を考慮して計算すると，図 5.3，図 5.5 の干渉縞強度分布に掛かる緩やかな包絡線として図 5.7 の回折分布の形が現れることが分かる．

5.3　装置・調節

5.3.1　装置

図 5.8 のような配置 (上から見た図) で実験を行う．**XZ ステージ** [左右 (X 方向) および上下 (Z 方向) に移動できる] 上に置いた**スリット支持台**にはさんだ物体 (単スリット，複スリット等) に，**レーザー光源** [He-Ne(ヘリウム-ネオン) レーザー，波長約 632.8nm(ナノメートル，1 nm=10^{-9}m)] の光を当て，スクリーン板 (壁面に固定済) の干渉縞を測定する．

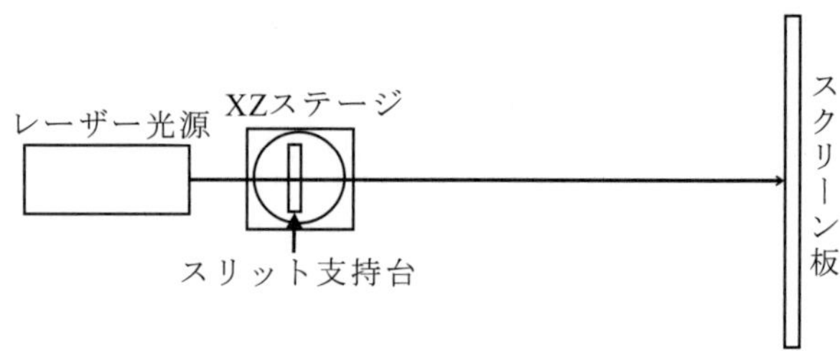

図 5.8　実験装置

注意: レーザー光源を直接のぞくと，失明する危険があるので十分注意すること！

5.3.2　調節

この後の実験に共通する装置の調節方法を述べておく．

(1) **レーザー光線とスクリーン面を直角に調節する**

スクリーン上でレーザー光が当たっている場所へ鏡 (マグネット付) を移動させる．図 5.9 のようにレーザー光の鏡からの反射ビームが，レーザー光源の出射孔に戻るように，レーザー光源を左右に手で動かし，さらにレーザ台の調節ネジで上下の傾きを調節する．

(2) **レーザー光線と物体面を直角に調節する**

レーザー光をスリット支持台にはさんだ物体に当てると光の一部が反射する．その反射光がレーザー光源の出射孔に戻るように，手でスリット支持台を回転させ調節する．

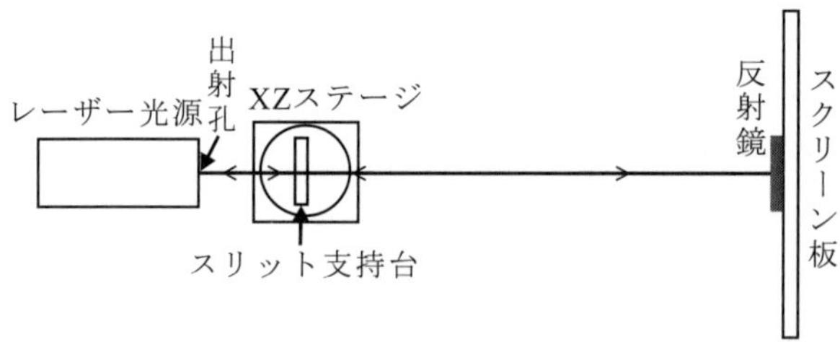

図 5.9　レーザービームの調節

5.4　実験 1: 複スリットによる干渉 (ヤングの実験)

5.4.1　目的

2 つのスリットをもつ物体からの回折光の干渉縞の間隔を測定する．観測データから，用いたレーザー光の波長を計算し，さらに求めた波長の誤差 (精度) の計算を行う．

5.4.2　方法・手順

(1) 5.3.2 節 (1) の調節を行った後，複スリット物体をスリット支持台に挟む．このとき，ガラスの厚さの影響が出ないようにするため，アルミ板に取り付けられている物体の側がスクリーン側を向くようにセットする．その後，5.3.2 節 (2) の調節を行う．

(2) 複スリット物体は，光を通すスリットが周期的に並んだ回折格子をガラスに貼り付け，さらに図 5.10 のように回折格子を紙で覆い 2 つのスリットからの光だけを通すように作ってある．XZ ステージを上下，左右に移動させ，回折格子を覆ってある紙のすき間にレーザー光が当たるように調節すると，図 5.11 のような干渉縞がスクリーン上に現れる．

注意. XZ ステージを上下に移動させる際は必ずストッパーネジをゆるめてから移動させること.

(3) スクリーン上に白紙 (実験室に置いてある) をマグネットで留めて干渉縞を記録する．その際，図 5.11 に示してあるように，干渉縞の中央の一番明るい明線を 0 次とする．ここでは暗線に印をつけて，図のような順番で，左右 5 次まで (左はマイナス，右はプラス) 番号を付ける．

(4) 記録した白紙をスクリーンから取り外し，机の上で表 5.1 に示された番号の暗線の間の距離を金属製スケールで測定する．

(5) 複スリットとスクリーンとの距離 L を巻尺で測る (測定は 2,3 回行い平均をとる)．

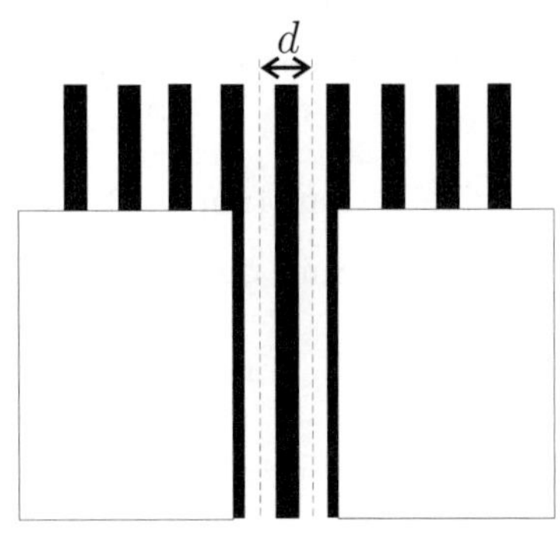

図 5.10　複スリット物体

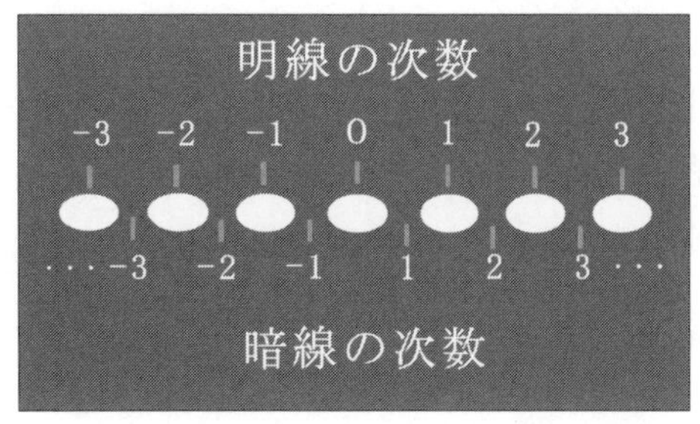

図 5.11　複スリットによる干渉縞の次数

位置（左）	位置（右）	暗線の間隔=$5x$ [mm]
−5	1	
−4	2	
−3	3	
−2	4	
−1	5	

表 5.1　暗線の間隔 $5x$ の測定

5.4.3　結果の整理

(1) 上表の暗線の間隔 $5x$ を平均して，干渉縞の隣り合う暗線の間隔 x を求める．

(2) 求めた x，L，および複スリットのアルミ板に書かれたスリット間隔 d の値を，原理の式 (5.10) に代入して，レーザー光の波長 λ を求めよ．

(3) 波長を求める際に用いた x，L，d の誤差 (精度)$\{\pm\Delta x, \pm\Delta L, \pm\Delta d\}$ が，計算結果の波長 λ の誤差 $\Delta\lambda$ にどのように伝播するかを検討せよ．誤差の伝播については，1.5.2 節の式 (1.3) によると，原理の式 (5.10) から

$$\left|\frac{\Delta\lambda}{\lambda}\right| \leq \left|\frac{\Delta(5x)}{5x}\right| + \left|\frac{\Delta L}{L}\right| + \left|\frac{\Delta d}{d}\right| \tag{5.18}$$

と評価できるので，これを用いて $\Delta\lambda$ を計算せよ．$\{\Delta x, \Delta L, \Delta d\}$ については，次のように考えるとよい．

$\Delta(5x)$: 暗線の間隔 $5x$ は 0.5mm まで読み取れる．金属製スケールの公差はこれより小さいが (1m で 0.2mm)，暗線に幅があるので，$5x$ の誤差を 0.5mm とし，x の誤差は 0.1mm とする．

ΔL: 距離は，巻き尺で 1mm 単位まで読み取れる．使用する巻き尺にもよるが，通常 $\Delta L = 1$mm，安全を考えるなら $\Delta L = 2$mm とすればよい．

Δd: アルミ板に記載されている複スリット間隔の精度は，0.001mm であるから，$\Delta d =$ 0.001mm とすればよい．

(4) 計算結果を，$\lambda \pm \Delta\lambda$ として表せ．有効数字に注意すること．λ の単位は，nm (1nm $= 10^{-9}$m) または m を用いよ．求めた波長と He-Ne レーザーの正確な波長 632.8nm と比較し，測定が妥当であったかを検討せよ．

5.5　実験 2: 多数スリット (回折格子) による干渉

5.5.1　目的

多数スリットをもつ物体から回折する光の干渉縞の間隔を測定することにより，用いたレーザー光の波長を計算し，さらに求めた波長の誤差 (精度) 計算を行う．なお，多数スリット (回折格子) として，対物マイクロメータを利用する．

5.5.2 方法・手順

(1) 対物マイクロメータのガラスの厚さの影響が出ないようにするため，目盛線の刻み面がスクリーン側に向くようにしてスリット支持台にはさむ．その後，5.3.2 節 (2) の調節を行う．なお，対物マイクロメータは，顕微鏡の接眼マイクロメータの目盛り線の較正に用いる標準スケールで，図 5.12 のように，ガラス板の中央に 1mm を 100 等分した目盛り線を刻んだものである．この実験では，この目盛り線を回折格子 (格子間隔 0.01mm，間隔精度 0.1 %以内) として用いる．

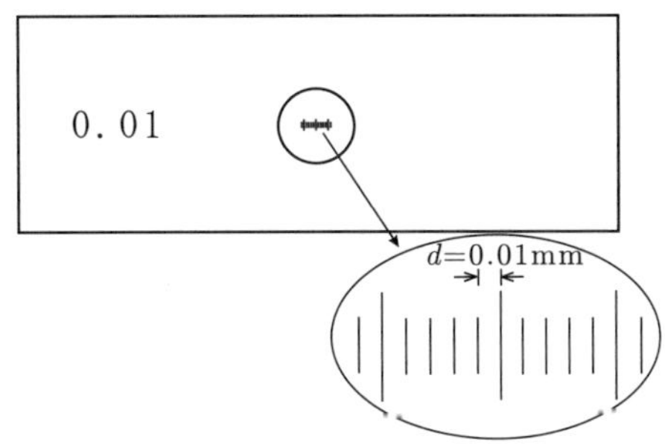

図 **5.12** 対物マイクロメータ

(2) XZ ステージを調節して，レーザー光を対物マイクロメータの目盛り線に当てると，図 5.13 のような干渉縞がスクリーン上に現れる．

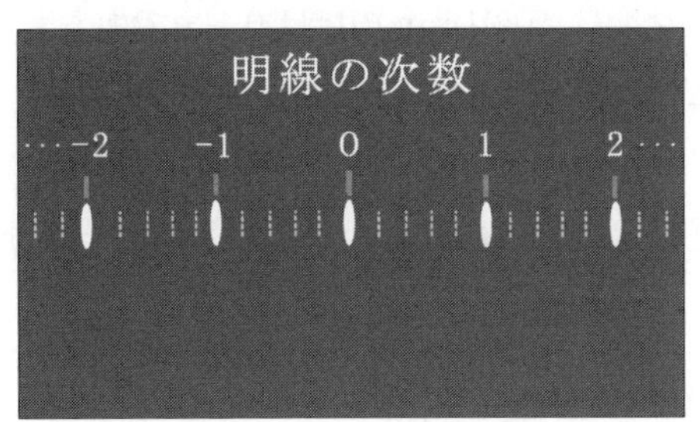

図 **5.13** 対物マイクロメータによる干渉縞の次数

注意: 明るく長い明線の間に弱い明線が 4 本ずつ見えるが，これは図 5.12 の 5/100mm ごとの長い目盛り線による回折光であり，これを測定してはいけない．

(3) 白紙をスクリーン上にマグネットで留めて干渉縞を記録する．その際，図 5.13 に示してあるように，干渉縞の一番明るい明線を 0 次とする．スクリーン上の各明線の位置 X_m を，左右 3 次まで (左はマイナス，右はプラス) の印を付ける．

(4) 記録した白紙をスクリーンから取り外し，机の上で各次数ごとの明線間の距離 $X_m - X_{-m} (m = 1, 2, 3)$ を金属製スケールで測定する．

(5) 対物マイクロメーターとスクリーンとの距離 L を巻尺で測る (測定は 2,3 回行い平均をとる).

5.5.3　結果の整理

(1) 測定した各次数ごとの明線間距離の半分 $X_{0m} = \frac{1}{2}(X_m - X_{-m}), (m = 1, 2, 3)$ から，各次数ごとにレーザー光の波長を計算する．ただし，m 次の明線の距離 X_{0m} と波長 λ_m との間の関係式は，スクリーン上の位置 X_{0m} が物体とスクリーン間の距離 L に比べ十分小さいとき $(X_{0m} \ll L)$ に成り立つ近似式 (5.9) を，式 (5.11) の $\sin\theta$ に代入することで

$$\lambda_m = \frac{d}{m}\sin\theta_m \simeq \frac{d}{m}\frac{X_{0m}}{L} \tag{5.19}$$

と表される．なお，対物マイクロメーターの格子間隔は，$d = 1.000 \times 10^{-2}$mm としてよい．

(2) 波長を求める際に用いた X_{0m}，L，d の精度 (誤差)$\{\pm\Delta X_{0m}, \pm\Delta L, \pm\Delta d\}$ が，計算結果の波長 λ_m の誤差 $\Delta\lambda_m$ にどのように伝播するかを検討せよ．誤差の伝播式については，1.5.2 節の式 (1.3) によると，式 (5.19) の近似式から

$$\left|\frac{\Delta\lambda_m}{\lambda_m}\right| \leq \left|\frac{\Delta X_{0m}}{X_{0m}}\right| + \left|\frac{\Delta L}{L}\right| + \left|\frac{\Delta d}{d}\right| \tag{5.20}$$

と評価できるので，これを用いて $\Delta\lambda_m$ を計算せよ．$\{\Delta X_{0m}, \Delta L, \Delta d\}$ については，次のように考えるとよい．

ΔX_{0m}: 明線間の間隔は 0.5mm まで読み取れるので，X_{0m} の誤差は 1/2 の 0.25mm とする．

ΔL: 実験 1 と同様に $\Delta L = 1$mm または 2mm とする．

Δd: 目盛り線の間隔の精度は，0.01mm のほぼ 0.1 %であるから，$\Delta d = 0.00001$mm，安全を考えると，$\Delta d = 0.00002$mm とすればよい．

(3) 計算結果を，各次数ごとに $\lambda_m \pm \Delta\lambda_m$ として表せ．有効数字に注意すること．λ_m の単位は，nm または m を用いよ．求めた波長と He-Ne レーザーの正確な波長 632.8nm と比較し，測定が妥当であったかを検討せよ．

5.6　実験 3: 単スリットによる回折パターンの観察

5.6.1　目的

単スリットの幅と回折光の広がりとの関係を観察によって確認する．

5.6.2　方法・手順

(1) 観察用の単スリットは，金属板に 2 枚のカミソリの刃を張り付けたものを使用する．カミソリの刃は，くさび型 (V 字型) に取り付けてあり，スリット幅は場所により少しずつ変化している．これをスリット支持台に挟み，5.3.2(2) 節の調節を行う．

(2) XZ ステージを調節して，レーザー光を単スリットに入射させ，レーザービームが当たる V 字の位置を変化させたときの，スクリーン上に現れる回折光のパターンを観察する．

注意: XZ ステージの高さを変える場合は必ずストッパーネジをゆるめてから変えること．

5.6.3 結果の整理

スリット幅が広いときおよび狭いときの，それぞれの回折光の広がり (回折角 θ) はどうなるかを調べ，観察結果を原理の式 (5.16) を参考にしてまとめよ．

5.7 実験 4: 単スリット幅の回折光強度分布からの推定

5.7.1 目的

単スリットの幅を回折光の暗線の間隔から求める．

5.7.2 方法・手順

(1) 測定用単スリットを，スリット支持台にはさみ，5.3.2 節 (2) の調節を行う．レーザー光を当てると，スクリーン上に図 5.14 のような回折像が現れる．

(2) マグネットで取り付けた白紙上で，中心のもっとも明るい 0 次の明線に印を付ける．

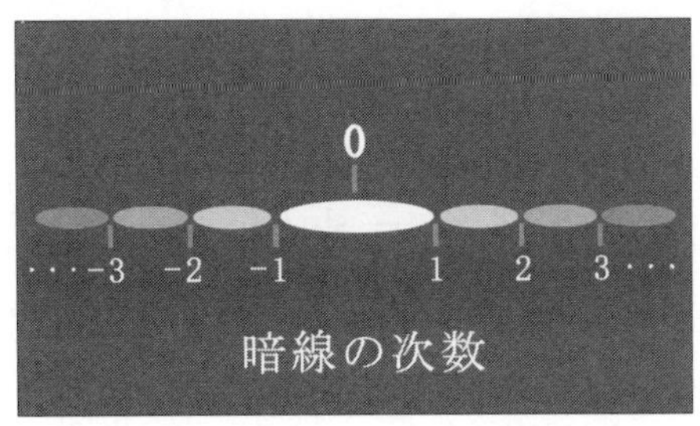

図 5.14 単スリットによる干渉縞の次数

(3) 0 次の明線をはさんで左右に現れる暗線に印を付け，0 次に近い位置から順番に 8 次まで (左はマイナス，右はプラス) 次数の番号を付ける．

(4) 用紙に記録した左右の各次数間の距離 $X_m - X_{-m} (m = 1 \sim 8)$ を金属製スケールで測定する．

(5) 単スリットとスクリーンとの距離 L を巻き尺で測る (測定は 2, 3 回行い平均をとる)．

5.7.3 結果の整理

(1) 方眼紙に，測定した距離の半分 $X_{0m} = \dfrac{1}{2}(X_m - X_{-m})$ を縦軸に，次数 $m = 1 \sim 8$ を横軸として，測定点を打つ．

(2) グラフ上の測定点に対して，直線を引き，その傾きを求めよ．ただし，直線の上下に測定点が均等に分布するよう注意すること．

(3) 原理で導いた開口 (幅 a) からの回折強度分布の暗線の条件式 (5.17) における $\sin\theta$ は，スクリーン上の位置 X_{0m} が物体とスクリーン間の距離 L に比べ十分小さいとき ($X_{0m} \ll L$)，式 (5.9) と同様に $\sin\theta \simeq X_{0m}/L$ と近似できるので，式 (5.17) は

$$\frac{X_{0m}}{L} \simeq m\frac{\lambda}{a} \tag{5.21}$$

と書き換えられる．グラフから求めた傾き X_{0m}/m，距離 L，He-Ne レーザーの波長 λ=632.8nm を式 (5.21) に代入して，単スリットの幅 a を求めよ．

5.8　実験 5: 円孔直径の回折光強度分布からの推定

5.8.1　目的

円孔からの回折光の広がりを観察し，暗線 (輪) の半径から円孔の直径を求める．

5.8.2　円孔による回折の原理

円孔にレーザー光を入射させたとき，スクリーン上の任意の点での回折光強度は，5.2.3 節で述べたホイヘンス-フレネルの原理により，円孔面上の全ての素元波による影響を積分することで求められる．物体とスクリーン間の距離 L が開口の直径 d に比べて十分大きい場合 ($L \gg d$)，強度は回折角 θ の関数として，

$$I(\theta) \propto \left[\frac{2\,J_1\left(\dfrac{\pi d}{\lambda}\sin\theta\right)}{\dfrac{\pi d}{\lambda}\sin\theta} \right]^2 \tag{5.22}$$

となる．ここで，$J_1(\cdots)$ は 1 次の第 1 種ベッセル関数を表す．この強度分布は，図 5.15 で示すような中心に明るい円，その周りに周期的に現れる明暗の輪の分布となる．また，強度 $I(\theta)$ の中心断面分布は図 5.16 のようになる．

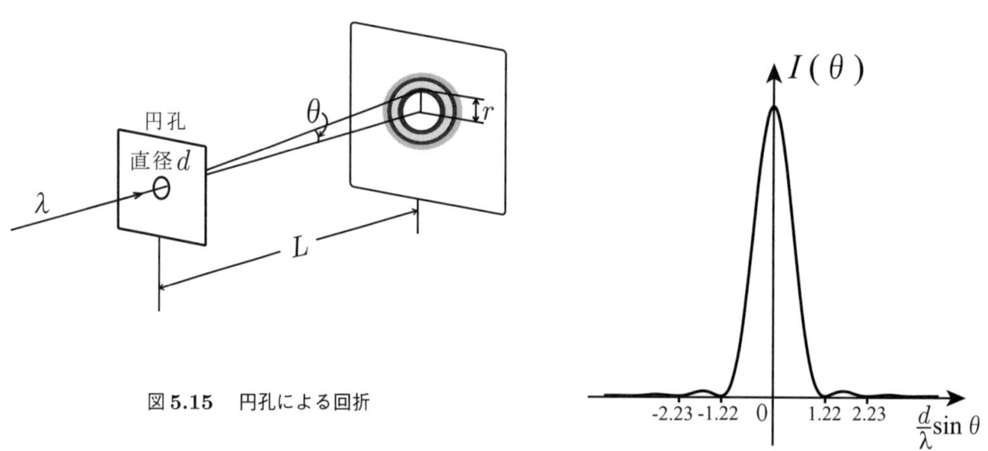

図 5.15　円孔による回折

図 5.16　回折強度の中心断面分布

最初の暗線 (輪) は，ベッセル関数が最初に 0 になる条件 $[J_1(x) = 0,\ x \simeq 1.22\pi]$ から

$$\frac{\pi d}{\lambda}\sin\theta = \frac{\pi d}{\lambda}\frac{r}{\sqrt{L^2 + r^2}} \simeq \frac{\pi d\, r}{\lambda L} \simeq 1.22\pi \tag{5.23}$$

を満たす θ 方向にできることがわかる．ここで，r は最初の暗線の半径であり，さらに $L \gg r$ の条件を用いて分母を近似した．この式より，距離 L，波長 λ が一定のときは，円孔の直径 d

が小さいほど回折光強度の中心の明るい円の半径 r が大きくなることがわかる．

5.8.3 方法・手順

(1) トレーの中の直径が 0.1mm と書かれた円孔物体をスリット支持台にはさみ，5.3.2 節 (2) の調節を行う．

(2) XZ ステージを調節して，レーザー光を円孔に入射させると，中心に明るい円，その周りに明暗の輪が周期的に現れる．

(3) 記録用紙をスクリーン上にマグネットで留めて，最も内側の暗線 (輪) を写し取る．

(4) 写し取った暗線 (輪) の直径を金属製スケールで測定する．暗線 (輪) は幅があるので，内径と外径の平均を直径とする．直径は縦と横の長さを平均して求める．さらに，この直径を 1/2 にして，暗線 (輪) の半径とする．

(5) 円孔物体とスクリーンとの距離 L を巻き尺で測る (測定は 2,3 回行い平均をとる)．

5.8.4 結果の整理

測定した暗線 (輪) の半径 r，物体とスクリーン間の距離 L，He-Ne レーザーの波長 λ=632.8nm を式 (5.23) に代入して，円孔の直径 d を計算し，ラベルに記載されている値と比較せよ．

5.9 設問

設問 1

実験 1 と実験 2 に関する誤差の伝播の式を導け．さらに，実験 2 の方が波長の精度が良くなる理由を，実験 1 と実験 2 の誤差の伝搬式の比較から説明せよ．

設問 2

原理で示した広がった開口からの回折の式 (5.14) を計算して式 (5.15) を導け．

設問 3

光路差と位相差の関係を説明せよ．

設問 4

レーザー光は，普通の光源 (白熱電灯等) からの光と比べて非常に可干渉性 (コヒーレンス) が良い．その理由について説明せよ．

第 6 章

磁束密度の測定

6.1 目的

円形コイルに流れる交流電流によって生ずる磁束密度を測定し，理論と比較する．測定に用いるサーチコイルは，電磁誘導を利用していることを理解する．磁束密度がベクトル量であることや，磁束密度の線積分について理解する．アンペールの法則を実験的に検証する．

6.2 原理

単位系は MKSA 有理単位系を使用する．「ビオ・サバールの法則」と「アンペールの法則」はどちらも電流とそれが作る磁束密度 $\vec{B}$[T] の関係を表す．一般的には $\vec{B}$ を電流から求めるためには「ビオ・サバールの法則」が必要である．しかし，電流分布の対称性がよい場合には「アンペールの法則」で求めることもできる．

「ビオ・サバールの法則」は，4 つあるマックスウェルの方程式のうち以下の 2 つ

$$\nabla \times \vec{B} = \mu_0 \left(\vec{J} + \frac{\partial \vec{D}}{\partial t} \right) \tag{6.1}$$

$$\nabla \cdot \vec{B} = 0 \tag{6.2}$$

から変位電流 $\dfrac{\partial \vec{D}}{\partial t}$ がゼロの場合に導かれる．ここで $\vec{J}$[A/m^2] は電流密度，μ_0[N/A^2] は真空の透磁率である．また，電束密度 $\vec{D}$[C/m^2] と電場 $\vec{E}$[V/m] の間には誘電率 ε[F/m] を用いて $\vec{D} = \varepsilon \vec{E}$ の関係がある．一方，「アンペールの法則」は式 (6.1) だけから導かれる．これからビオ・サバールの法則の方がアンペールの法則よりも電流と磁場の関係をより詳細に表していることがわかる．

6.2.1 ビオ・サバールの法則

ビオ・サバールの法則によると，電流 I の微小区間 $\mathrm{d}\vec{s}$ が点 P に作る磁束密度 $\mathrm{d}\vec{B}$ は以下の式で与えられる．

$$\mathrm{d}\vec{B} = \left(\frac{\mu_0}{4\pi} \right) \frac{I \mathrm{d}\vec{s} \times \vec{r}}{r^3}. \tag{6.3}$$

ここで $\vec{r}$ は微小区間 $\mathrm{d}\vec{s}$ から点 P を結ぶベクトルで，$r = |\vec{r}|$ はその距離である[1]．図 6.1 では紙面を $\mathrm{d}\vec{s}$ と $\vec{r}$ に平行にとっており，したがって $\mathrm{d}\vec{B}$ は紙面に垂直で表から裏へ向かう向きである．$\vec{r}$ と $\mathrm{d}\vec{s}$ のなす角度を θ とするとこの磁束密度の大きさは

$$\mathrm{d}B = \mu_0 I \mathrm{d}s \sin\theta/(4\pi r^2) \tag{6.4}$$

である．

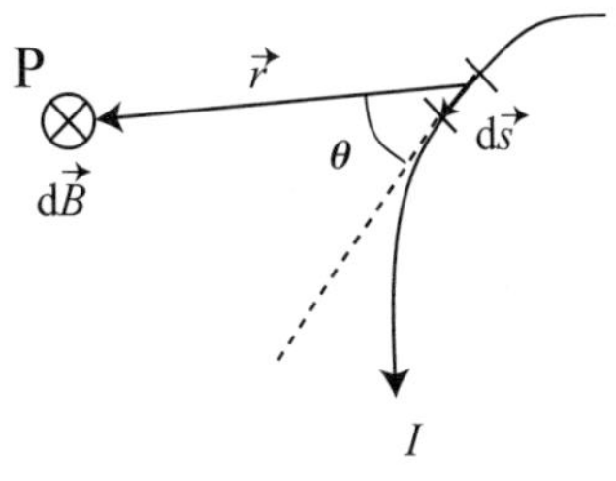

図 6.1　ビオ・サバールの法則

6.2.2　アンペールの法則

図 6.2 のように閉経路 C を微小区間 $\mathrm{d}\vec{l_i}$ に分割し，各微小区間での磁束密度を $\vec{B_i}$ とする．これらの内積を経路 C 全体で足し合わせたもの $\sum_i \vec{B_i} \cdot \mathrm{d}\vec{l_i}$ で，分割数を無限大にし $\mathrm{d}l_i \to 0$ とした極限値を $\oint_\mathrm{C} \vec{B} \cdot \mathrm{d}\vec{l}$ と表す．アンペールの法則によると，これは C の囲む全電流 I に真空の透磁率 μ_0 を乗じた値に等しい．

$$\oint_\mathrm{C} \vec{B} \cdot \mathrm{d}\vec{l} = \mu_0 I. \tag{6.5}$$

また，式 (6.5) の左辺のような積分は，線積分と呼ばれる．微小区間の分割数を有限値 N にとどめると近似式

$$\sum_i^N B_i \mathrm{d}l_i \cos\theta_i \simeq \mu_0 I \tag{6.6}$$

が求まる．ここで，θ_i は $\mathrm{d}\vec{l_i}$ と $\vec{B_i}$ がなす角度である．実験の解析には，こちらの近似式の方を用いる．

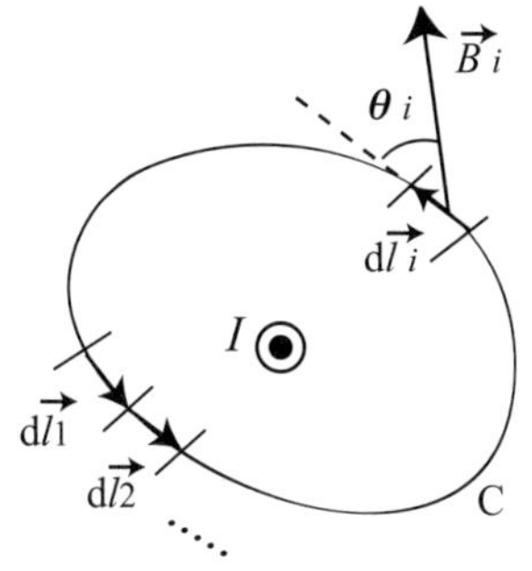

図 6.2　経路 C にそっての磁束密度 $\vec{B}$ の線積分

6.2.3　ファラデーの電磁誘導の法則

この法則は次の式によって表される．

$$\oint_\mathrm{C} \vec{E} \cdot \mathrm{d}\vec{l} = -\frac{\mathrm{d}\Phi}{\mathrm{d}t}. \tag{6.7}$$

式 (6.7) の左辺は，図 6.2 と同様にして，図 6.3 のように閉経路 C にそって電場 $\vec{E}$ を線積分したものである．これは単位電荷が経路 C にそって 1 周するとき $\vec{E}$ から受ける仕事，すなわち「経路 C のまわりの起電力」である．式 (6.7) は，これが C の囲む磁束 Φ の時間変化によって発生することを示している．Φ は $\vec{B}$ から以下のように計算される．

[1] ここで，ベクトルの記号から$\vec{}$をとった記号によってそのベクトルの絶対値を表した．以後も同様な記号法を用いるが，6.6.2 節と 6.7.2 節の式についてだけは，これと異なる記号法を用いる [式 (6.25) 参照]．

一般に $\vec{B}$ は位置によって変化する．しかし C の囲む面を微小な面に分割し，微小面の面積を十分小さくすると各微小面上では $\vec{B}$ は一定とみなせる．l 番目の微小面内の磁束密度を $\vec{B}_l$，$\vec{B}_l$ と微小面の法線がなす角度を φ_l とすると，$\vec{B}_l$ の法線成分は $B_l \cos\varphi_l$ となる (ここで法線の向きは「線積分の向きに右ねじをまわしたとき右ねじの進む向き」と定義する)．これに微小面の面積 S_l をかけたものがこの微小面を貫く磁束 $\mathrm{d}\Phi_l = S_l B_l \cos\varphi_l$ であり，この和から $\Phi = \sum_l \mathrm{d}\Phi_l$ が求まる．

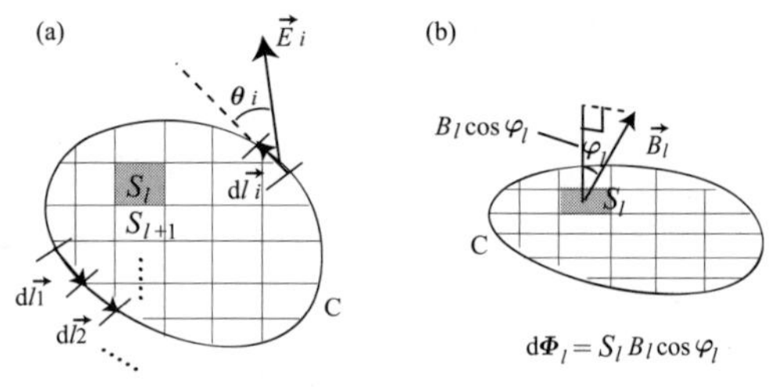

図 **6.3**　ファラデーの電磁誘導の法則　**(a)** 経路 **C** にそっての電場 $\vec{E}$ の線積分 **(b)** 経路 **C** の囲む磁束

6.3　装置

電源装置，巻数 65 巻の円形コイル (台に取り付けられている)，サーチコイル (A，B 2 種)，交流電流計 (2A，10A 用)，交流電圧計 (1mV～300mV 用)．サーチコイルは実験室に用意してある．その他電卓 (各自持参)，グラフ用紙．

以下，**「円形コイル」と「サーチコイル」は別の装置**なので混同しないよう注意すること．

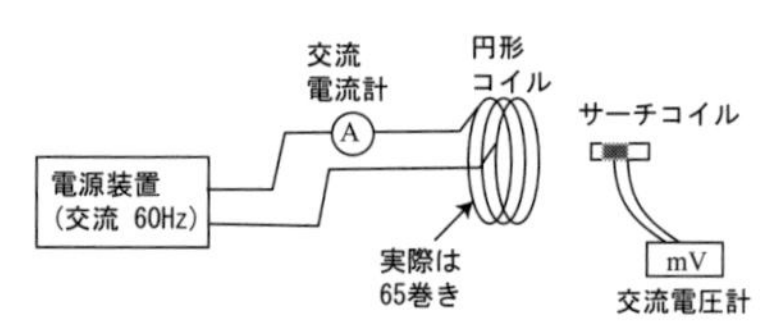

図 **6.4**　実験装置の概略図

6.3.1　円形コイルを流れる電流がつくる磁束密度

図 6.5 のように，半径 a の円形コイルに電流 I が流れている．円形コイルの中心軸を z 軸とし，z 軸上の点 P での磁束密度をビオ・サバールの法則より求める．$\mathrm{d}\vec{s}$ と $\vec{r}$ とは直角であり，また $r^2 = a^2 + z^2$ であるから式 (6.4) より

$$\mathrm{d}B = \frac{\mu_0 I \mathrm{d}s}{4\pi(a^2 + z^2)} \tag{6.8}$$

となる．図 6.5 より $\sin\phi = a/r = a/\sqrt{a^2 + z^2}$ なる関係があるから，$\mathrm{d}\vec{B}$ の z 軸方向の成分 $\mathrm{d}B_z$ は

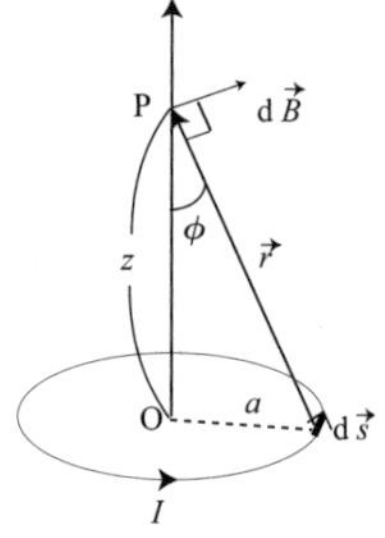

図 **6.5**　円形コイルの電流が中心軸上に作る磁束密度

$$\mathrm{d}B_z = \mathrm{d}B \sin\phi = \frac{\mu_0 I \mathrm{d}s}{4\pi(a^2 + z^2)} \frac{a}{\sqrt{a^2 + z^2}} \tag{6.9}$$

である．これを円形コイルのすべての微小区間について足し合わせれば，$\sum \mathrm{d}s = 2\pi a$ であるから，

$$B_z = \frac{\mu_0 I a^2}{2(a^2+z^2)^{3/2}} \tag{6.10}$$

が求まる．一方，$\mathrm{d}\vec{B}$ の x 成分，y 成分を微小区間について和をとると互いに打ち消しあってゼロとなる．したがって，$\vec{B}=(0,0,B_z)$ と z 軸上の磁束密度は z 軸と平行になる．

巻き数 n の円形コイルで一巻きあたり振幅 I_0，角振動数 ω の交流電流が流れる場合

$$I = nI_0 \sin(\omega t) \tag{6.11}$$

であり，式 (6.10) は

$$B_z = \frac{\mu_0 n I_0 a^2}{2(a^2+z^2)^{3/2}} \sin(\omega t) \tag{6.12}$$

となる[2]．この (6.12) の B_z の実効値 $\bar{B}_z$ とし，(6.11) の実効値を $\bar{I}$ とすると，$\bar{I}=I_0/\sqrt{2}$ および

$$\bar{B}_z = \frac{\mu_0 n \bar{I} a^2}{2(a^2+z^2)^{3/2}} \tag{6.13}$$

となる．実効値については 6.3.2 節の脚注 3 を参照．

6.3.2 サーチコイルに誘起される電圧

式 (6.11) の交流電流がつくる磁束密度は

$$\vec{B}(\vec{r},t) = \vec{B}_0(\vec{r})\sin(\omega t) \tag{6.14}$$

と位置 $\vec{r}$ や時間 t によって変動している．ここで，$\vec{B}_0(\vec{r})$ は，円形コイルを流れる電流が $I=nI_0$ と直流だった場合の磁束密度である．その大きさ B_0 は以下のようにサーチコイルで計測できる．

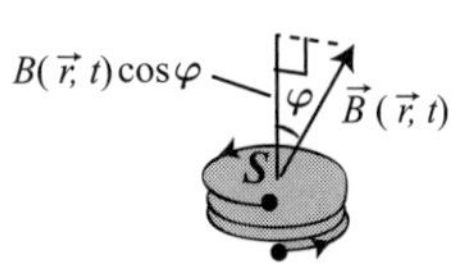

図 6.6 サーチコイルを貫く磁束 Φ

サーチコイルの断面積 S は十分小さく，その内部の $\vec{B}_0$ の空間変化は無視できるとき，6.2.3 節の説明において，サーチコイルの断面全体を一つの微小面とみなせる．この場合，サーチコイルを貫く磁束 Φ は

$$\Phi = NSB(\vec{r},t)\cos\varphi = NSB_0(\vec{r})\cos\varphi\sin(\omega t) \tag{6.15}$$

となる．ここで N はサーチコイルの巻き数，$\vec{r}$ はサーチコイルの中心位置，φ は $\vec{B}_0$ とサーチコイルの中心軸方向がなす角度を表す (図 6.6 参照)．$\vec{B}_0$ のサーチコイル中心軸方向成分は $B_0\cos\varphi$ となる．

これとファラデーの電磁誘導の法則からサーチコイルに発生する誘導起電力 v は

$$v = -\frac{\mathrm{d}\Phi}{\mathrm{d}t} = -NS\omega B_0(\vec{r})\cos\varphi\cos(\omega t) \tag{6.16}$$

---

[2] 厳密には交流電場が電波を発生する効果を考える必要がある．この電波の発生と関係が深いものが式 (6.1) 中の変位電流 $\dfrac{\partial\vec{D}}{\partial t}$ でありビオ・サバールの法則は変位電流 $\dfrac{\partial\vec{D}}{\partial t}$ がゼロの場合に成り立つ．この実験で変位電流は発生しているが，その効果は小さく無視できる．

であることがわかる．このサーチコイルに接続された交流電圧計が表示する電圧値は式(6.16)の実効値

$$\bar{v} = NS\omega B_0(\vec{r})|\cos\varphi|/\sqrt{2} \tag{6.17}$$

である[3]．各サーチコイルに「換算係数」として $1/(SN\omega)$ の値が表示されており，これを交流電圧計の表示値 [式(6.17)] に乗じれば磁束密度のサーチコイルに平行な成分の実効値，$B_0(\vec{r})|\cos\varphi|/\sqrt{2}$ が求まる．また，サーチコイルの中心位置 $\vec{r}$ は固定して方向 φ を変えると，式(6.17)は $\varphi = 0, \pi$ のとき，すなわち，コイル軸と $\vec{B}_0(\vec{r})$ が平行になったときに最大値 $NS\omega B_0(\vec{r})/\sqrt{2}$ をとる．これから磁束密度の大きさの実効値 $B_0(\vec{r})/\sqrt{2}$ と方向もわかる．交流電圧計や交流電流計の表示値は実効値であり，電圧，電流，磁束密度いずれも実効値（振幅の $1/\sqrt{2}$ 倍）のみを以下議論するので，煩雑さを防ぐため実効値と断り書きすることは略する．また，$\bar{v}, \bar{B}_z$ はそれぞれ単に v, B_z と表記することとする．

6.4　実験準備と実験1,2,3に共通する作業

図6.4のように配線する．交流電圧計への結線は，同軸ケーブルのアース側(黒のプラグ)を計器のアース端子(下側)につなぐ．電圧計の電源を入れる前の電圧計の針の位置が，ゼロをさしているかどうかを確認する．ずれている場合は，ゼロをさすように針の位置を調整する．

交流電流計は2Aレンジのところにあらかじめ配線されている．すなわち，目盛りの最大値が2Aになる．円形コイルの電流が1.00Aになるよう電源装置のつまみを調節する．電流値は時間とともに少しずつ変動することがあるので，1.00Aが保たれているか時々確認する．ずれている場合は，電源装置のつまみを微調し1.00Aを保つ．

6.5　実験1: 中心軸上の磁束密度

図6.5や図6.8のように，円形コイルの中心軸を z 軸とする．サーチコイルAを使用すること．

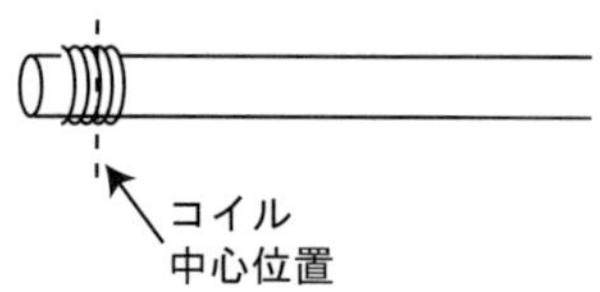

図6.7　サーチコイルA

6.5.1　方法

サーチコイルAの軸は z 軸に平行にし，サーチコイルAの中心位置(図6.7)は z 軸上の $z = -0.12$ m から z =0.36 m までの 0.02 m おきの各位置にできるだけ正確に合わせ，起電力 v を交流電圧計で測定する．サーチコイルAの軸を z 軸に平行にしたので，磁束密度の z 成分 B_z が $B_z = \alpha_{\mathrm{A}} v$ と求まる．ここで，α_{A} はサーチコイルAの換算係数であり6.3.2節の $1/(NS\omega)$ から求められ，各サーチコイルAに表示してある．B_z

---

[3] 実効値は交流がする仕事の時間平均値と関係している．例えば交流電圧 $v(t) = v_0\cos(\omega t)$ (v_0 は一定) が抵抗 R にかかっている場合，この交流電圧の実効値 $\bar{v}$ は $|v_0|/\sqrt{2}$ である．抵抗に発生するジュール熱を1周期 $T = 2\pi/\omega$ で時間平均した値

$$\frac{1}{T}\int_0^T \frac{v^2(t)}{R}\mathrm{d}t = \frac{v_0^2}{RT}\int_0^T \cos^2(\omega t)\mathrm{d}t = \frac{v_0^2}{2R}$$

は，実効値 $\bar{v} = v_0/\sqrt{2}$ を用いると，$\bar{v}^2/R$ となる．

を求める場合，単位の換算 (mV と V, cm と m) に注意すること．

位置 z[cm]	サーチコイル電圧 v [mV]	磁束密度の z 成分 B_z [T]
-12		
-10		
$\vdots$		
36		

6.5.2　結果の整理:理論値との比較

以下の (1) と (2) では異なる記号でプロットすること．例えば，(1) の測定点を×，(2) の理論値の点を○など．理論値と測定値の違いが大きい部分は再測定や再計算を行うこと．

(1) 測定位置 z と磁束密度の z 成分 B_z のグラフ，または，測定位置 z とサーチコイル電圧 v のグラフを描く．B_z と v は比例関係 ($B_z = \alpha_A v$) なのでどちらのグラフも形は同じになる．どちらのグラフを描くかは担当教員の指示に従うこと．ばらついた測定点は再度測定を行う．

(2) 円形コイルの巻数 $n = 65$ と交流電流の実効値 $\bar{I} = I_0/\sqrt{2} = 1.00\mathrm{A}$(交流電流計は実効値を表示する) を (6.13) を代入して求まる理論値を (1) で描いたグラフに重ね書きする．サーチコイル A の電圧 v のグラフを (1) で描いた場合は，(6.13) に $1/\alpha_A$ を乗じた式から求まる v を重ね書きする．

6.5.3　結果の整理：アンペールの法則の実証 (1)

図 6.8 のように中心軸 $C_1(-z_f < z < z_f)$ とその両端を結ぶ経路 C_2 からなる電流 I を囲む閉経路 C で式 (6.5) の左辺を考えると，

$$\oint_C \vec{B}\cdot d\vec{l} = \int_{-z_f}^{z_f} B_z dz + \int_{C_2} \vec{B}\cdot d\vec{l}. \tag{6.18}$$

z_f を十分に大きくとり C_2 を円形コイルから十分遠くにすると C_2 上で $\vec{B} \simeq 0$ となるので，式 (6.5) から近似式

$$\frac{1}{\mu_0}\int_{-z_f}^{z_f} B_z dz \simeq I \tag{6.19}$$

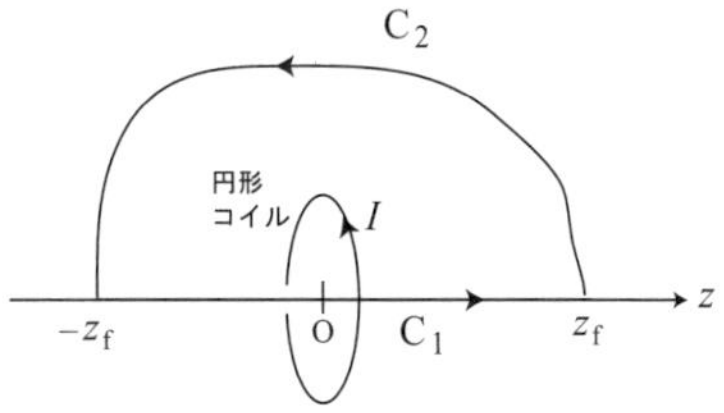

図 6.8　実験 1 のアンペールの法則の実証に用いる線積分の経路

が求まる．一方，台形公式（参考参照）より

$$\int_0^{z_f} B_z dz \simeq \Delta z\left[\frac{B_z(0)}{2} + B_z(\Delta z) + B_z(2\Delta z) + \cdots + B_z(z_f - \Delta z) + \frac{B_z(z_f)}{2}\right] \tag{6.20}$$

または，これに $B_z = \alpha_A v$ を用いた

$$\int_0^{z_f} B_z dz \simeq \alpha_A \Delta z\left[\frac{v(0)}{2} + v(\Delta z) + v(2\Delta z) + \cdots + v(z_f - \Delta z) + \frac{v(z_f)}{2}\right] \tag{6.21}$$

が求められる．ここで，$z_f = 0.36$ m，距離の刻みは $\Delta z = 0.02$ m である．また，$v(z)$ や $B_z(z)$ は 6.5.2 節の (1) の実測値のグラフ作成で用いた位置 z での v や B_z の値であって，(2)

の理論値ではないことに注意．$B_z(-z) = B_z(z)$ より $\int_{-z_f}^{z_f} B_z(z)\mathrm{d}z = 2\int_0^{z_f} B_z(z)\mathrm{d}z$ である．式 (6.20)，または，式 (6.21) を計算し，その 2 倍を μ_0 で割ったものと交流電流の実効値 $n\bar{I} = 65\mathrm{A}$ と比較せよ．また，ずれの原因も考察せよ．

6.6　実験 2: コイル周回経路上の磁束密度 (経路に平行な成分)

6.6.1　方法

一辺が 0.08 m の正方形 ABCD が描かれた方眼紙が図 6.9 のように台にあらかじめ貼り付けられている．辺 AD 上を円形コイルの導線が通っている．辺 AB，BC，CD 上には 0.02 m 間隔で点 1，2，3，･･･ 15 が印されている．(点 A=点 1, 点 B=点 5=点 6, 点 C=点 10=点 11, 点 D=点 15) サーチコイル B の中心をこれらの各点に一致させ，サーチコイル B の方向は各辺に平行になるようにして起電力を測定する．点 B では辺 AB 方向と辺 BC 方向，点 C では辺 BC 方向と辺 CD 方向とそれぞれ 2 度測定する．(したがって，全測定回数は 15 回)．

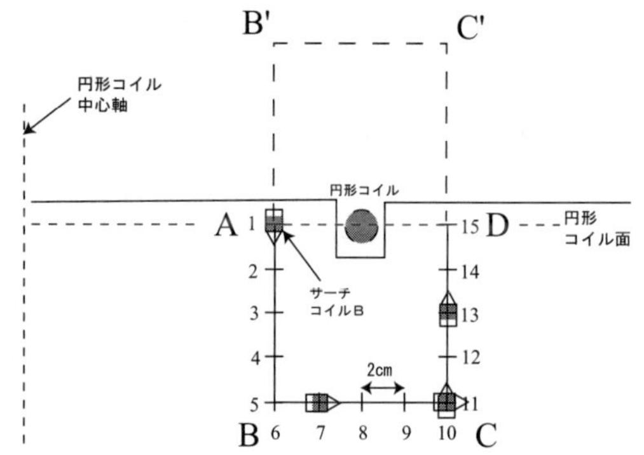

図 6.9　実験 2 の測定方法の概略図

6.6.2　結果の整理:アンペールの法則の実証 (2)

図 6.9 のように正方形 ABCD とコイル面について対称な正方形 AB'C'D を考え，閉経路 A → B → C → D → C′ → B′ → A について式 (6.5) の左辺の積分を評価してみよう．

式 (6.20) や式 (6.21) と同様に台形公式を用いて

$$\begin{aligned}\int_{\mathrm{AB}} \vec{B}\cdot\mathrm{d}\vec{l} &\simeq \Delta l\left[\frac{B(1)}{2} + B(2) + B(3) + B(4) + \frac{B(5)}{2}\right] \\ &= \alpha_{\mathrm{B}}\Delta l\left[\frac{v(1)}{2} + v(2) + v(3) + v(4) + \frac{v(5)}{2}\right] \end{aligned} \tag{6.22}$$

$$\begin{aligned}\int_{\mathrm{BC}} \vec{B}\cdot\mathrm{d}\vec{l} &\simeq \Delta l\left[\frac{B(6)}{2} + B(7) + B(8) + B(9) + \frac{B(10)}{2}\right] \\ &= \alpha_{\mathrm{B}}\Delta l\left[\frac{v(6)}{2} + v(7) + v(8) + v(9) + \frac{v(10)}{2}\right] \end{aligned} \tag{6.23}$$

$$\int_{\mathrm{CD}} \vec{B}\cdot \mathrm{d}\vec{l} \;\simeq\; \Delta l\left[\frac{B(11)}{2}+B(12)+B(13)+B(14)+\frac{B(15)}{2}\right]$$
$$= \alpha_{\mathrm{B}}\Delta l\left[\frac{v(11)}{2}+v(12)+v(13)+v(14)+\frac{v(15)}{2}\right] \qquad (6.24)$$

となる．

ここで点 j での起電力の測定値を $v(j)$ と表し，点 B での辺 AB 方向と辺 BC 方向の測定値をそれぞれ $v(5), v(6)$ で表し，点 C では辺 BC 方向と辺 CD 方向の測定値をそれぞれ $v(10), v(11)$ で表した．これらにサーチコイル B の換算率 α_{B} (サーチコイル A の換算率 α_{A} とは異なることに注意) を乗じると各測定位置での磁束密度の各測定方向成分が得られる．刻み幅 Δl=0.02 m は 3 つの辺で共通である．磁場の空間分布はコイル面に対して対称だから式 (6.5) の積分を閉経路 A → B → C → D → C' → B' → A について計算した値は $\int_{\mathrm{AB}} \vec{B}\cdot\mathrm{d}\vec{l}+\int_{\mathrm{BC}} \vec{B}\cdot\mathrm{d}\vec{l}+\int_{\mathrm{CD}} \vec{B}\cdot\mathrm{d}\vec{l}$ の **2 倍**である．$\int_{\mathrm{AB}} \vec{B}\cdot\mathrm{d}\vec{l}+\int_{\mathrm{BC}} \vec{B}\cdot\mathrm{d}\vec{l}+\int_{\mathrm{CD}} \vec{B}\cdot\mathrm{d}\vec{l}$ の 2 倍を μ_0 で割った値と交流電流の実効値 $n\bar{I}=65$A を比較せよ．また，ずれの原因も考察せよ．

6.7　実験 3: コイル周回経路上の磁束密度 (大きさと方向)

6.7.1　方法

サーチコイル B を用いる．記録用に，実験 2 で用いた方眼紙とまったく同じ正方形と点 1 から点 15 を印した方眼紙を作成し，あらかじめはりつけられているものとぴったり一致するようにセロテープではりつける．

点 1 から点 15 の各点にサーチコイル B の中心位置を固定し，コイル軸の方向を水平に保ちながら回転させ，起電力が最大となった時のサーチコイル B の軸方向が磁束密度 $\vec{B}$ の方向である．このときのサーチコイル B の先端の真下に印の点をうち，この方向を記録する (測定点と印を結ぶ直線がその位置での $\vec{B}$ の方向を表す)．また，各点での最大起電力 $v_{\mathrm{max}}(j)$ も記録する．実験 2 のときとは異なり点 5 と 6 は同一の測定，点 10 と 11 も同一の測定になるので測定回数は 13 回になる．

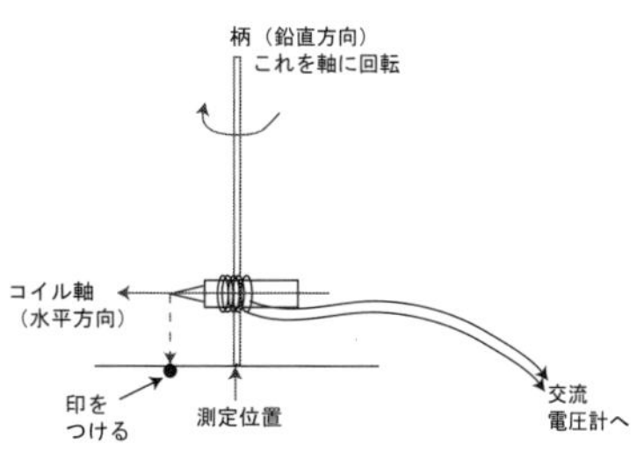

図 6.10　実験 3 におけるサーチコイル B の使用方法

なお，起電力を見る作業とサーチコイル B を回転する作業は一人で行った方が，ちょうど最大起電力になったところで回転をとめやすい．他方の共同実験者は記録などで補助を行う．

6.7.2　結果の整理

各点 $j(=1,2,\cdots,15)$ での磁束密度を $\vec{B}(j)$ と表すと実験 3 の測定からその大きさ $|\vec{B}(j)|=\alpha_{\mathrm{B}}v_{\mathrm{max}}(j)$ と方向がわかる．ここで点 5 と点 6 は同じ点なので $\vec{B}(5)=\vec{B}(6)$ であり，点 10 と点 11 は同じ点なので $\vec{B}(10)=\vec{B}(11)$ である．

実験 3 ではりつけたグラフ用紙上で，$\vec{B}(j)$ の方向を表す直線と点 j が属する経路 (AB，BC，CD) のなす角度を分度器で測定し，これを θ_j とする．これらは，実験 2 で求めた $\vec{B}(j)$ の経路方向の成分，すなわち式 (6.22),(6.23),(6.24) 中の $B(j)$ との間に

$$B(j) = |\vec{B}(j)| \cos\theta_j = \alpha_{\mathrm{B}} v_{\max}(j) \cos\theta_j \tag{6.25}$$

の関係がある (ここの記号法では，$B(j)$ は $\vec{B}(j)$ の大きさ $|\vec{B}(j)|$ ではなく，$\vec{B}(j)$ の経路方向成分を表している)．$B(j) = \alpha_{\mathrm{B}} v(j)$ より (6.25) は

$$v(j) = v_{\max}(j) \cos\theta_j \tag{6.26}$$

と同等である．

$v_{\max}(j), \theta_j$ を (6.25) に代入して求まる $B(j)$ と実験 2 で求めた $B(j)$ の比較，または，$v_{\max}(j), \theta_j$ を (6.26) に代入して求まる $v(j)$ と実験 2 で測定した $v(j)$ の比較のいずれかを行う．下の表は前者の比較の場合の表の形式で、後者の比較をする場合は $|\vec{B}(j)|, B(j)$ をそれぞれ $v_{\max}(j), v(j)$ に置き換える．いずれの比較を行うかは担当教員の指示に従うこと．実験 2 で測定した $B(j)$ や $v(j)$ とのずれが大きい場合は，その原因を考察せよ．

j	$\lvert\vec{B}(j)\rvert$ [T]	θ_j	$\lvert\vec{B}(j)\rvert \cos\theta_j$ [T]	実験 2 の $B(j)$ [T]
1				
2				
$\vdots$				
15				

6.8 設問

設問 1

6.3.2 節 [サーチコイルに誘起される電圧] の議論からわかるように，サーチコイルの換算係数はサーチコイルの断面積 S，巻き数 N， 交流電流の角振動数 ω を用いて $1/(SN\omega)$ と表される．サーチコイル A について，直径から求まる断面積 S と換算係数から巻き数 N を求めよ．

設問 2

この実験を富士川より東で行った場合，起電力はどうなるか．

設問 3

この実験におけるサーチコイルによる測定法は，地磁気の影響を受けない理由を説明せよ．

6.9　参考: 式 (6.20), (6.22), (6.23), (6.24) で用いた台形公式

図のように横軸を z として表した関数 $f(z)$ のグラフ上に $N+1$ 個の点 A_j を z 方向の間隔が一定値 Δz になるようにとる $(j=0,1,2,\cdots,N)$．$z_j = z_0 + j\Delta z$ として，A_j の位置は $(z_j, f(z_j))$ と表せる．定積分 $\int_{z_j}^{z_{j+1}} f(z)dz$ は，図の灰色の領域の面積（z 軸と $f(z)$ のグラフ，および A_j，A_{j+1} から z 軸へおろした垂線で囲まれた面積）に等しい．この面積は，Δz が小さく，A_j と A_{j+1} の間の $f(z)$ のグラフが線分に近いときは，上辺を $f(z_j)$, 下辺を $f(z_{j+1})$, 高さを Δz とする台形の面積に近くなる．すなわち，近似式

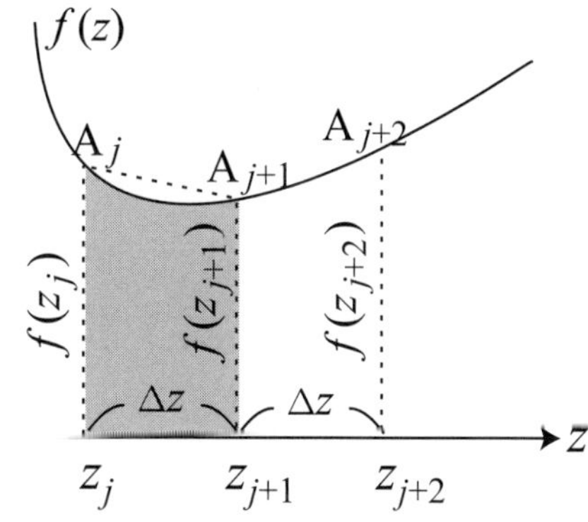

$$\int_{z_j}^{z_{j+1}} f(z)dz \simeq [f(z_j)+f(z_{j+1})]\Delta z/2$$

がなりたつ．この近似式を $j=0,1,2,\cdots,N-1$ について和をとることにより，近似式

$$\int_{z_0}^{z_N} f(z)dz \simeq (\Delta z/2)[f(z_0)+2f(z_1)+2f(z_2)+\cdots+2f(z_{N-1})+f(z_N)]$$

が求まる．

第 7 章

電子の比電荷

7.1 目的

電子の電荷 $-e$ と質量 m の比 e/m は電子の比電荷と呼ばれ，1897 年に J.J. トムソンによって最初に測定され，これにより原子を構成している電子の存在が明らかとなった．荷電粒子が磁場中を運動するとき，ローレンツ力という力を受ける．本実験では，ヘルムホルツコイルによって発生した均一な磁場中に入射した電子ビームの円軌道の半径を測定することで電子の比電荷の値を求め，電子と磁場の相互作用についての理解を深める．

7.2 原理

荷電粒子は電磁気相互作用によるローレンツ力を受ける．均一な磁束密度 $\vec{B}$ [Wb/m^2] 中を，速度 $\vec{v}$ [m/s] で運動している電子 (電荷 $-e$[C]) に働く力は

$$\vec{F} = -e\vec{v} \times \vec{B} \tag{7.1}$$

と表される．図 7.1 は，紙面に垂直で上向きの一様な磁束密度 $\vec{B}$ 中を，紙面に平行な速度 $\vec{v}$ で入射した電子の運動を表す．この場合，磁束密度と速度は互いに垂直であるから，電子は次の式で表せる向心力 [N] を受けて, 半径 r[m] の円運動を行う．

$$F = evB = \frac{mv^2}{r} \tag{7.2}$$

ここで，質量 m[kg] は電子の質量, F, v, B はベクトル $\vec{F}, \vec{v}, \vec{B}$ の大きさである．

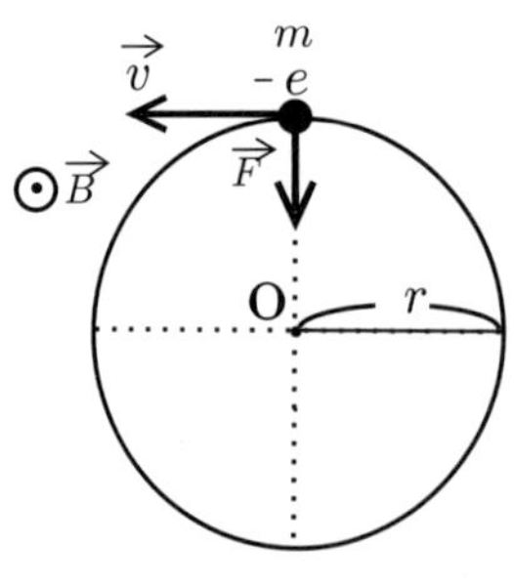

図 7.1　電子の円軌道

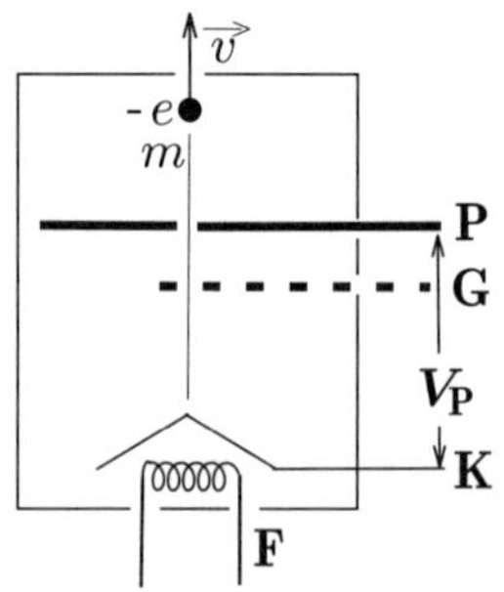

図 7.2　電子銃による電子の加速

一方，電子は図 7.2 に示すように電子銃により加速される．フィラメント (F) から放出された電子（初速はほぼ 0) は, 電子銃のカソード (陰極，K) とプレート (陽極，P) の間の電位差 V_P[V] により, 電子銃を出るときには

$$\frac{mv^2}{2} = eV_P \tag{7.3}$$

で求まる速度 v に加速されている．式 (7.2) と (7.3) から v を消去すれば,

$$\frac{e}{m} = \frac{2V_P}{r^2B^2} \tag{7.4}$$

となる．よって，電子の比電荷は r，V_P，B を測ることにより求まる．

一様な磁束密度の強さ B は，管球をはさむように配置された半径 R[m], n 回巻きのヘルムホルツコイル (図 7.3) により作られる．このコイルの中心付近（点 O 近傍）の磁束密度の強さ B_0[Wb/m^2] は，コイルを流れる電流を I[A] とすれば

$$B_0 = \left(\frac{4}{5}\right)^{\frac{3}{2}} \mu_0 \frac{In}{R} \tag{7.5}$$

となる (7.7 節を参照)．ここで，μ_0[N/A^2] は真空の透磁率である．よって，電子の比電荷は，式 (7.5) の B_0 を式 (7.4) の B に代入して，

$$\frac{e}{m} = \left(\frac{5}{4}\right)^3 \frac{2R^2}{\mu_0^2 n^2} \frac{V_P}{I^2 r^2} \tag{7.6}$$

と表せる．

7.3 装置

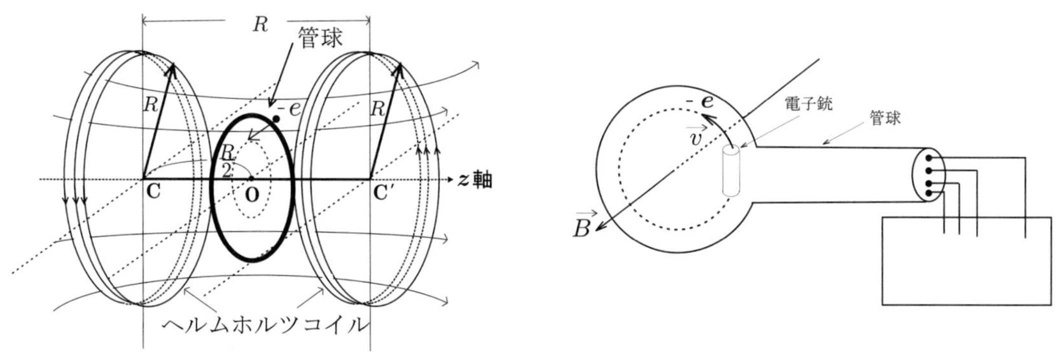

図 7.3 ヘルムホルツコイルと管球の配置

図 7.4 管球の構造

e/m 測定器 (管球とヘルムホルツコイル)，電源装置 (DC 300V，AC 6.3V)，ヘルムホルツコイル用電源 (DC 12V，2A), 電圧計 (DC 300V)，自動定電圧装置 (オートレギュレータ)，および電流計 (DC 3A).

(1) **管球 (図 7.4):** 電子銃 (図 7.2) を備え，容器内は 10^{-2}Torr 程度の水素ガスを封入してある．電子は水素原子と衝突，水素原子を励起または電離して光を放射し，電子の軌道が観測できる．

(2) **電子銃 (図 7.2):** 電子を一定の速度で放出する装置である．フィラメント F から放出された熱電子を KP 間の電位差 V_P で加速させる．

(3) **ヘルムホルツコイル (図 7.3):** 一様な磁場を 2 つのコイルによって作る装置で，2 つの同じコイル（半径 R[m]，巻数 n）を中心軸（z 軸）を共通にし R だけ離して平行においたものである．電流 I を同じ方向に流したとき，中心軸上の 2 つのコイルの中心（C または C'）付近に均一な磁界を発生させる装置である．

7.4　方法

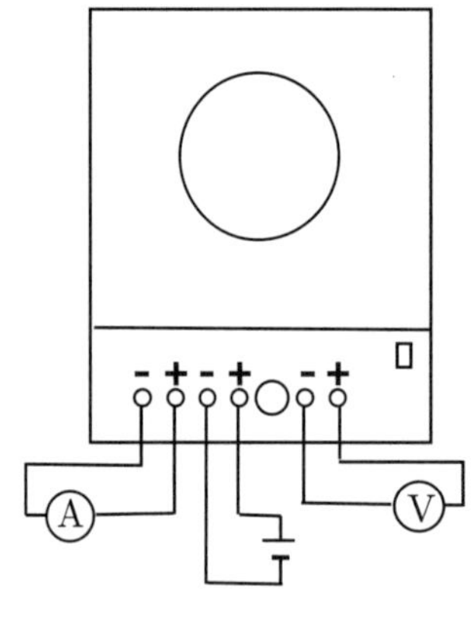

図 7.5　配置図

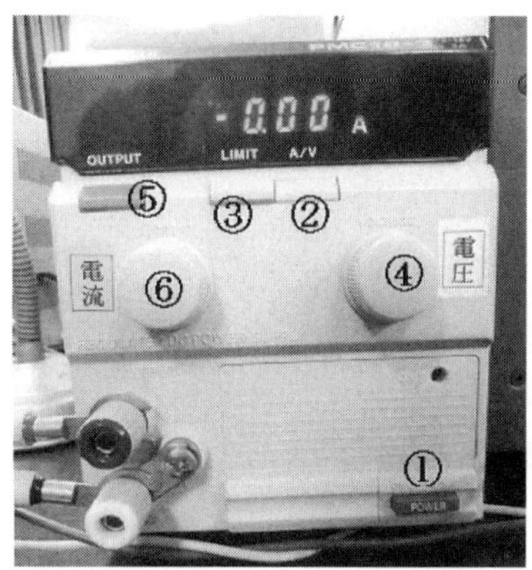

図 7.6　ヘルムホルツコイル用電源

(1) 2 つの電源（ヘルムホルツコイル用電源と電子銃用電源）のスイッチが OFF であることを確かめ (出力つまみ等がすべてゼロになっていることを確かめる)，図 7.5 のように結線する．AC 100V の電源コードは直接コンセントに差し込まず，オートレギュレータの出力を利用する．

(2) ヘルムホルツコイル用電源 (図 7.6) は定電流，定電圧電源であるが，ここでは定電圧電源として使用する．まず、POWER スイッチ ① を ON にし，A/V スイッチ ② を押し、V レンジにする．LIMIT スイッチ ③ を押しながら、電圧 (VOLTAGE) つまみ ④ を右に回し、12V に設定する．こうしておけば，電流値を変えても出力電圧は 12V に固定される．次に、A/V スイッチ ② を押し、A レンジに切り換える．OUTPUT ボタン ⑤ を押し、緑色のランプが点灯した状態 (OUTPUT) にする．電流 (CURRENT) つまみ ⑥ を回し、電流値を調整して測定する．電流値は 2A 以下で使用するように注意する．正確な電流値は結線した直流電流計で読むこと．(電源のパネル面にも電流値が表示されているが誤差が大きい.)

(3) (2) の操作が終わったら電子銃の電源（6.3V）を ON にする．ヒーターが赤くなったのを確かめてからプレート電圧のつまみを回し，$V_{\mathrm{P}} = 100$ V にする．これで電子の軌道が観測される．

(4) 電源の CURRENT つまみを静かに調整して電流 I[A] を流すと電子軌道が円形になる (図 7.7)．電子ビームがらせん状に旋回しているときは，管球を回転させて円形を描くようにセットする．まず，V_{P} と I を少し変化させて (300V，2A を超えないように注意すること), それぞれが電子の軌道にどのように影響するかを確かめよ．

(5) 電子軌道の半径は，図 7.8 のように目盛板を直読することにより求める．背面の鏡による指標の像が実物と重なるように目の位置を決定してから，測定するとよい．

(6) e/m は式 (7.6) から，V_{P}，I，r の関数である（μ_0, R, n は定数)．式 (7.6) を

$$I^2 = \frac{m}{e}\left(\frac{5}{4}\right)^3 \frac{2R^2}{\mu_0^2 n^2 r^2} V_{\mathrm{P}} \tag{7.7}$$

と書き直すことで，$r =$ 一定 の条件で実験すれば，I^2 と V_{P} は 1 次の比例関係となることがわかる．測定値を，図 7.9 の $(V_{\mathrm{P}} - I^2)$ プロットして，その勾配

$$A = \frac{m}{e}\left(\frac{5}{4}\right)^3 \frac{2R^2}{\mu_0^2 n^2 r^2} \tag{7.8}$$

を求め，その結果から e/m の値 (m/e の値の逆数) を得る．

(7) 一定にとる電子の円軌道の半径 r を 3~4cm 程度とする．r を小さくすると，B の誤差は小さくなるが (ヘルムホルツコイルの性質), r の測定の相対誤差が大きくなる．r を大きくすると，その逆になるので両者のかねあいから上記の値がよい．V_{P} は 100~300V, I は 1.0~1.8A の値にとればよい．$(V_{\mathrm{P}} - I^2)$ プロット (図 7.9) 上の点は 6 個以上とり，最小 2 乗法で最適値を求めること．一定にとる電子半径は 3.0cm と 4.0cm の間の 2 つ (例えば, 3.5cm と 4.0cm) の場合を考えよ．また，図 7.9 のように，測定点は $(V_{\mathrm{P}} - I^2)$ グラフ上で直線上にほぼ乗る点を 5 点以上とること．グラフにプロットしながら測定すること．グラフ上での点のばらつきが大きいときは，指標の読み取りの際の視差がないか確かめよ．

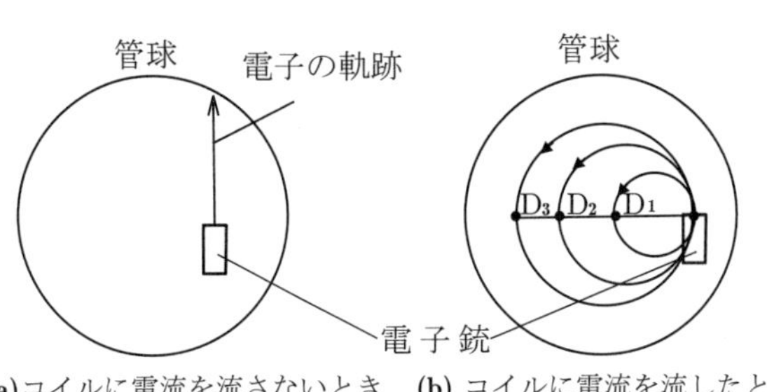

図 7.7　電子の軌跡

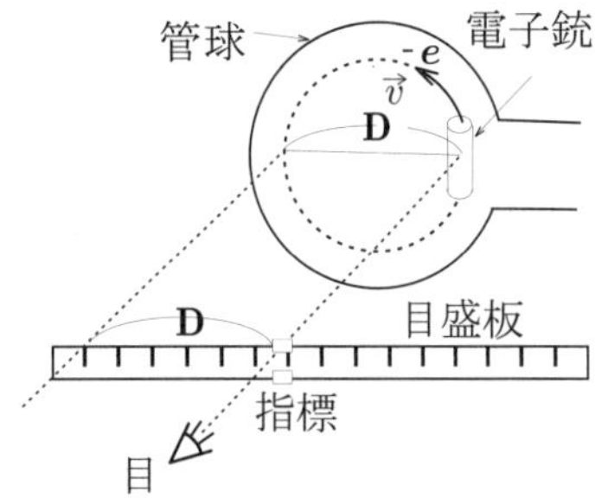

図 7.8　電子の円軌道の半径測定

7.5　結果の整理

上で得られた (V_P-I^2) プロット (図 7.9) の点 (V_P, I^2) から, 次の 3 つのやり方で傾き A を求める. 一定にとる電子半径は 3.0cm と 4.0cm の間の 2 種類 (例えば, 3.5cm と 4.0cm) を考える.

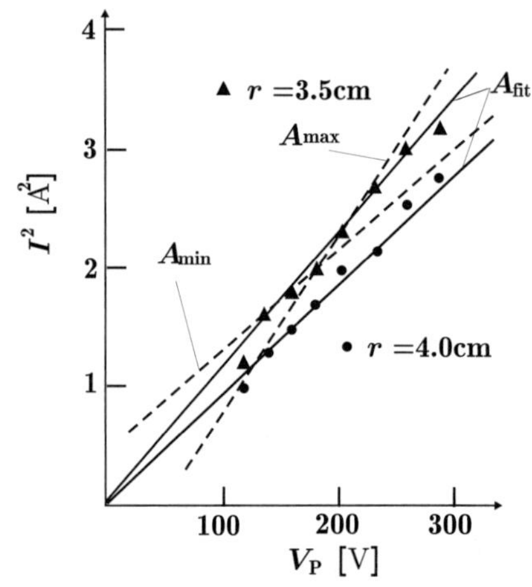

図 7.9　加速電圧 (V_P) とコイル電流の 2 乗 (I^2) の関係

(1) $A_{\rm max}$ を求め, e/m を決定せよ (図 7.9 参考). 傾きは 2 点から求める. 点を結ぶ直線が原点を通る場合, 通らない場合の両方を考えよ.

(2) $A_{\rm min}$ を求め, e/m を決定せよ (図 7.9 参考). 傾きは 2 点から求める. 2 点を結ぶ直線が原点を通る場合, 通らない場合の両方を考えよ.

(3) 最小 2 乗法で $A_{\rm fit}$ を求め, e/m を決定せよ. y を I^2, x を V_P として, 以下の式から $A_{\rm fit}$ を求める. この式は $y = Ax$(原点を通る直線) が成り立つとき, 最小 2 乗法で得られる関係式である (設問 4 参照).

$$A_{\rm fit} = \sum_i y_i x_i / \sum_i x_i^2. \tag{7.9}$$

(4) I, V は電子の軌道半径 r とどのような関係にあるか.

(5) 測定より得られた e/m の値を定数表の値と比較せよ.

7.6　設問

設問 1

式 (7.6) を用いて, e/m の相対誤差を評価せよ.

設問 2

本測定でのヘルムホルツコイルの中心磁場の大きさを求めよ. 地球磁場 $(3\times10^{-5}{\rm T})$ の何倍ほどか.

設問 3

ヘルムホルツコイルの中心付近の磁束密度はほぼ一定 (式 (7.5)) になることを, 7.7 節の式 (7.14) を, 下記のように, $z' = z - R/2$ で展開することにより示せ. $B(z)$ は式 (7.14) で与えられ, $z = R/2(z' = 0)$ をヘルムホルツコイルの中心とせよ. (ヒント:下記の展開で, z' の低次の

項が消えること ($C_1 = C_2 = C_3 = 0$) を示せ.)

$$B_0 = B(R/2 + z') + B(R/2 - z') = 2B(R/2) + \sum_{n=1}^{\infty} C_n(z')^n. \tag{7.10}$$

設問 4

式 (7.9) を求めよ (第 1 章の設問 4 参照).

7.7 参考: 円形コイルの作る磁場–ビオ・サバールの法則–

図 7.10 に示すように，半径 R[m] の円形コイルに電流 I [A] を流したとき，中心軸上の磁束密度 $\vec{B}$ [Wb/m^2] を求める．コイルの中心軸を z 軸にとる．中心 O から距離 z [m] だけ離れた中心軸上の点 P における磁束密度を考える．導線に沿った微小な領域 $\mathrm{d}\vec{s}$ と点 P を結ぶ線分を $\vec{r}$ [m] とすると，電流素片 $I\mathrm{d}\vec{s}$ によって，点 P に生ずる微小磁束密度はビオ・サバールの法則より

$$\mathrm{d}\vec{B} = \frac{\mu_0 I \mathrm{d}\vec{s}}{4\pi r^2} \times \frac{\vec{r}}{r} \tag{7.11}$$

である．ここで，$\vec{r}/r$ は，いま考えている微小な電流素片から点 P に向かう単位ベクトルである．

点 P におけるコイル全体からの寄与は，z 軸のまわりの対称性から，z 軸に垂直な成分はキャンセルされるので，磁束密度 $\mathrm{d}\vec{B}$ の z 成分のみを考えればよい．$\vec{r}$ と z 軸とのなす角を ϕ[rad] とすると $\sin\phi = R/r$ より, 微小磁場の z 成分は

$$\mathrm{d}B_{\mathrm{z}} = \mathrm{d}B \sin\phi = \frac{\mu_0 I R}{4\pi r^3}\mathrm{d}s \tag{7.12}$$

となる．巻数 n のコイルを考えると，全電流による磁束密度は

$$B = \int \mathrm{d}B_{\mathrm{z}} = \frac{\mu_0 I R}{4\pi r^3}\int_0^{2\pi n R} \mathrm{d}s \tag{7.13}$$

$$B = \frac{\mu_0 I R^2 n}{2(R^2 + z^2)^{3/2}} \quad (\text{ここで} \quad r = \sqrt{R^2 + z^2}) \tag{7.14}$$

となる．磁束密度 $\vec{B}$ の方向は $+z$ 方向である．ヘルムホルツコイはこの円形コイル 2 個を図 7.3 のように配置したものである．ヘルムホルツコイルの利点はその中心付近で磁束密度が一定になることである (設問 3).

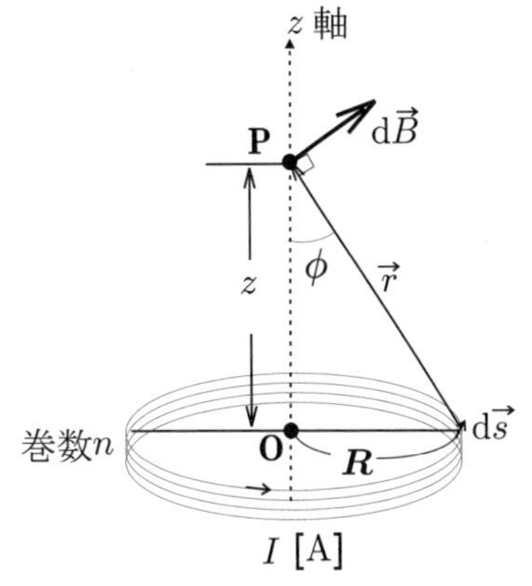

図 7.10　円形コイルを流れる電流のつくる磁場

第 8 章

β 線の計数測定

8.1 目的

GM(Geiger-Müller) 計数管を利用し，放射線源 ^{90}Sr から放射される β 線を計測することで，(1)GM 計数管の計数特性，(2) 物質による β 線の吸収，(3) 放射性崩壊の統計的性格，(4) 自然界に存在する放射線について学ぶ．

8.2 原理

原子核が崩壊する過程で α 線，β 線，γ 線とよばれる放射線が放出される．この実験の対象となる β 線の実体は，高速・高エネルギーをもち原子核から放出される電子であり，透過力・電離作用は α 線と γ 線の中間になる．放射線は人間の五感で感じることはできない．実験では物質との相互作用により引き起こされる信号を電気的に検出する．

8.2.1 GM 計数管の原理

GM 計数管には主に不活性気体が封入されており，管内には高電圧を印加するための電極が差し込まれている．測定する β 線のエネルギーは数 MeV(=10^6eV) であり，電離に要するエネルギー (数 10 eV) とは比較にならないほど大きい．[1] 管内に入射した放射線は，封入された気体原子 (分子) と次々と衝突する過程で原子を電離させる．電離によって生じた多数の電子は管内の電極に印加した高電圧により加速され，その数はネズミ算的にさらに増幅する．これら一連の過程の結果として，入射した放射線に応じて直接計測可能な電気パルス信号が得られる．

8.2.2 GM 計数管の特性

GM 計数管に印加する電圧 V を横軸に，計数率 n を縦軸にグラフを描くと図 8.1 のようになる．ここで**計数率**とは，単位時間あたりの計数 (カウント数) を意味し，以下では，1 分あたりの計数率を **cpm** (count per minute) という単位を付して記す．

図 8.1 によると，信号が検出されるためには一定以上の電圧が必要なことがわかる．ここで計数が始まる電圧 V_t を**しきい電圧**とよぶ．しきい電圧を超える電圧 $V > V_t$ では，計数率 n は

[1] 参考までに，水素原子のイオン化エネルギーは 13.6eV である．

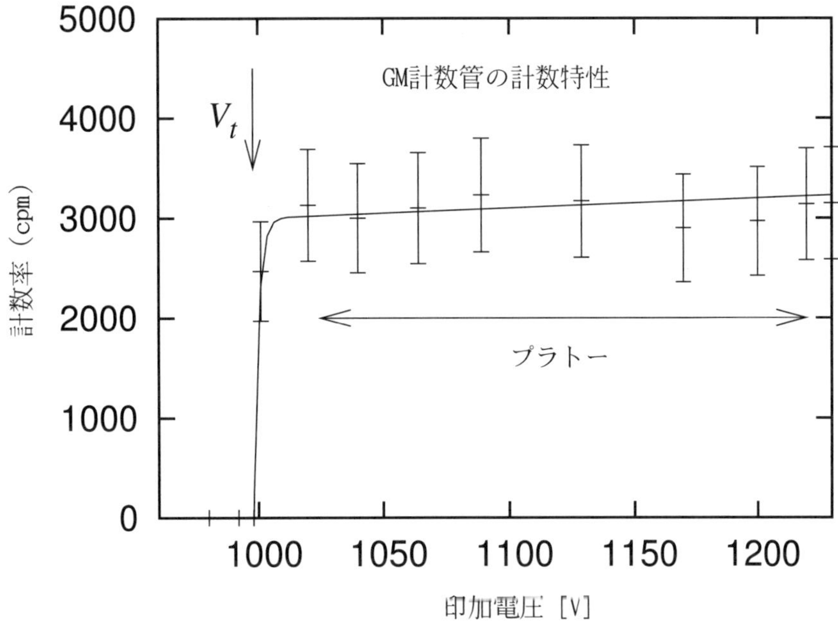

図 **8.1** **GM 計数管の計数特性**

電圧 V にはあまりよらず，グラフはほぼ水平に近く，小さな正の傾きをもつようになる．計数率が一定を示す電圧領域を**プラトー**という．(劣化しておらず) よい GM 管では，プラトーの傾きは小さく，プラトー領域は広い．測定時の印加電圧は**プラトー領域の中央近傍に固定**する．

8.3 理論的予備知識

(1) ${}^{90}_{38}\mathrm{Sr}$ (ストロンチウム 90) の原子核は 38 個の陽子と 52(= 90 − 38) 個の中性子からなる．

(2) β **崩壊**では，中性子が陽子に崩壊する (原子番号 = 陽子数が +1 増える)．この際に，電子 e^- (および反ニュートリノ $\bar{\nu}$) が放出される．

$$\mathrm{n} \to \mathrm{p} + \mathrm{e}^- + \bar{\nu}$$

原子核から放たれる電子は極めて高いエネルギーをもつ．β 崩壊で放出される電子 e^- が β **線**である．

(3) 放射性元素の数が放射性崩壊により半分に減るまでの時間を**半減期**という．たとえば，${}^{90}\mathrm{Sr}$ の半減期は 28 年，${}^{90}\mathrm{Y}$ は 64 時間，${}^{238}\mathrm{U}$ は 45 億年である．

実験で用いる ${}^{90}\mathrm{Sr}$ は次のように崩壊するため，実際には ${}^{90}\mathrm{Sr}$ から放射される β 線と ${}^{90}\mathrm{Y}$(イットリウム) から放射される β 線とを同時に計測することになる．

$$\beta\text{崩壊：}\quad {}^{90}_{38}\mathrm{Sr} \xrightarrow{28\text{ 年}} {}^{90}_{39}\mathrm{Y} \xrightarrow{64.2\text{ 時間}} {}^{90}_{40}\mathrm{Zr}$$

${}^{90}\mathrm{Y}$ から放たれる β 線の最大エネルギー 2.27 MeV は，${}^{90}\mathrm{Sr}$ から放たれる β 線の最大エネルギー 0.5467 MeV より大きいため，観測される β 線の最大エネルギーは **2.27 MeV** となる．

(4) 放射性崩壊にともない放射される β 線の数 N は統計的にばらつきをもつ．理論的には，計数値 N の分布は**ポアソン分布**にしたがう．つまり，N の平均値が $\bar{N}$ のとき，計数値 N が得られる確率は

$$P(N)=\frac{\bar{N}^N}{N!}\mathrm{e}^{-\bar{N}} \tag{8.1}$$

で与えられる．計算によると，分散 σ^2 は

$$\sigma^2=\sum_{N=0}^{\infty}(N-\bar{N})^2P(N)=\bar{N} \tag{8.2}$$

となり，計数値の標準偏差は $\sigma=\sqrt{\bar{N}}$ となる (1.4.5 節，および本章設問 1(3) 参照)．$\bar{N}$ が十分大きいとき (たとえば $\bar{N}\gg 20$ のとき)，ポアソン分布の式 (8.1) は，標準偏差 $\sigma=\sqrt{\bar{N}}$ をもつ正規 (ガウス) 分布

$$P(N)=\frac{1}{\sqrt{2\pi\bar{N}}}\exp\left(-\frac{(N-\bar{N})^2}{2\bar{N}}\right) \tag{8.3}$$

によってよく近似される (本章設問 1(4) 参照)．正規分布に対して，N が $\bar{N}\pm\sigma$ の範囲におさまる確率は**約 68%**である．すなわち，

$$\int_{\bar{N}-\sqrt{\bar{N}}}^{\bar{N}+\sqrt{\bar{N}}}P(N)\mathrm{d}N\simeq 0.68. \tag{8.4}$$

8.4　装置

交流電源安定器，GM 計数管，計数装置 (高圧電源，増幅器，計数回路，スケーラー，タイマー)，β 線密封線源 ^{90}Sr(ストロンチウム 90)，試料台，吸収板 Al(アルミニウム板)，穴つき遮蔽(しゃへい)板 (鉛板)．

8.5　実験 1: GM 計数管の計数特性

8.5.1　目的

GM 計数管の計数特性をみる．しきい電圧の存在とプラトーを確認し，以下の実験で用いる適切な印加電圧を決める．また，プラトーの傾きから GM 管の劣化の度合を判断する．具体的には，計数率 n を印加電圧 V の関数として測定し図 8.1 を描く．この実験については計測時間は 1 分とする．

8.5.2　方法・手順

(1) **すべての計数装置の主電源 (図 8.2 参照) が OFF であることを確認してから，**実験テーブルごとに設置してある交流電源安定器の電源を ON にする．

(2) **計数装置の電圧調整つまみ (図 8.2 参照) が左に振り切っていることを確認してから，**計数装置の主電源を ON にする．その後，機器が安定するまで数分間の時間をおく．

(3) (担当指導者の指示を待ったうえで) β 線密封線源 ^{90}Sr を保管場所から持ち出し，測定台

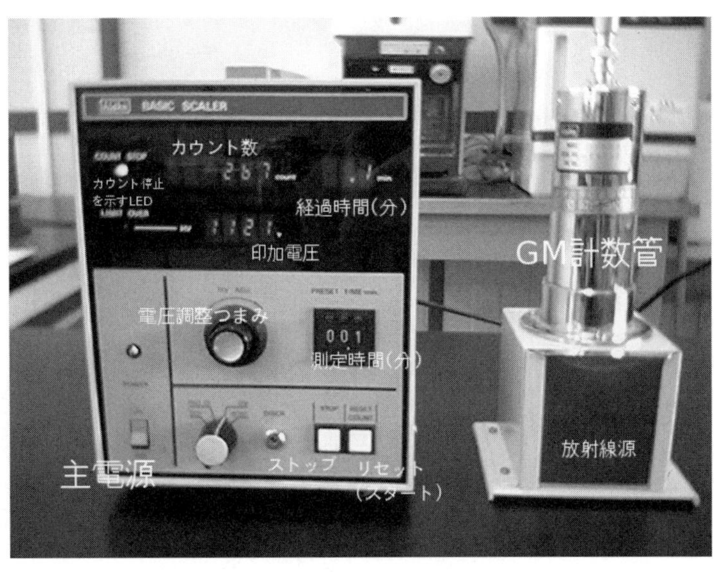

図 8.2　計数装置 (左) と GM 計数管 (右)

の適当な位置に置く (図 8.3 参照)．放射線源の表 (アルミ箔で覆われ中心にくぼみがある側) が上を向いているかに注意し，線源から放射される β 線が遮蔽(しゃへい)板の穴を通過して GM 管に入射する配置になっていることを確かめる．放射線源は慎重に取り扱うこと．

(4) 計数装置の測定時間を 1 分にセットする (図 8.2 参照)．

(5) 電圧調整つまみを調整してから，スタートボタンを押すことで計測ははじまる．計測中は，計測器左上の LED は消える (図 8.2 参照)．

電圧調整つまみの操作には細心の注意をはらうこと．

注意: 印加電圧は 1250V 以上には上げてはならない．

誤って高電圧を加えると管は連続放電をおこし，場合によっては，もはや計数特性はプラトーをもたず管は使用不可能となる．劣化した計数管ではプラトーの傾きが大きくなる．

放射線源や遮蔽(しゃへい)板の位置については，実際にこれらを変化させて計数値がどう変化するかを確認し，なぜそのようになるかを理解したうえで，計数率が 1800~3300cpm となるように調整する (図 8.3 参照)．

放射線源の位置を固定したうえで，V_t 付近の電圧から 1250V の間の数箇所 (約 20V 間隔) について，それぞれ **1 分間**の計数値を測定する．なお V_t の正確な値は実験時間の経過とともに微妙に変化する場合がある．

8.5.3　結果の整理

(1) GM 管印加電圧と計数率の関係を方眼グラフ用紙にプロットする．このとき，各測定点に，その標準偏差の大きさを示す誤差棒 (error bar) をつける (誤差棒の長さは，その半分が標準偏差となるようにとる)．

図 8.3　測定台と試料および遮蔽板

注意：放射線の計測に関係する統計と標準偏差

GM 管に加える高電圧を一定にし，その他の測定条件を同じにしても，測定のたびにその計数率が変動し，何回か測定を繰り返すとある値のまわりに分布する．これは，原子核の崩壊がポアソン分布やガウス分布に従う統計現象であることによっている．物体の長さや質量等の測定の際のバラツキとは本質的に異なることに注意する必要がある．1 回の測定における計数率についても，その測定の信頼度を示す値としての標準偏差 σ_n を，統計学的に求めることができる．計数率 n に対して，近似として $\sigma_n \simeq \sqrt{n}$ である．また，時間 T の計数が N のとき，計数率は $n = N/T$，その標準偏差は $\sigma_n \simeq \sqrt{N}/T$ で与えられる (設問参照).

(2) プラトーの傾き θ (%) を計数特性のグラフから求める．

プラトー領域において，ある陽極電圧値の計数率を n_1，その電圧より 100 V 高い電圧値の計数率を n_2 とするとき，θ (%) は

$$\theta = \frac{n_2 - n_1}{n} \times 100$$

で表される．このようにプラトーの傾きは，通常，電圧を 100 V 変えたときの計数率の変化の割合で表す．普通の GM 管は数 %/100V 以下である．

以下の実験では，プラトー領域のほぼ中央の電圧を使用電圧とする．

8.6　実験 2: 物質による遮蔽効果

8.6.1　目的

β 線が物質 (アルミニウム板) により遮蔽(しゃへい)される効果を測定する．^{90}Sr から放射される β 線の最大エネルギーを求める．

8.6.2　方法・手順

(1) 印加電圧をプラトー領域のほぼ中間，あるいは約 1250V を越えない範囲でしきい電圧 V_t より 100V 程度大きな電圧に設定する (図 8.1 参照)．測定台により異なるが，およそ 1100V 程度以上になる (正確な値は重要ではないが，記録を忘れないようにする)．印加電圧値はこれ以降の実験で変化させることはなく，一定に保つ．

(2) 吸収板 (Al 板) がない場合の**計数率**が，およそ 2000～4000cpm となるように，測定台の放射線源，および遮蔽板の位置を調節する．計数率の正確な値は重要ではないが，前述のとおり，計数率 cpm と計数値との違いに注意する．また，遮蔽板を測定台の最上部の棚に挿入すると，以下で Al 板を十分な枚数だけ載せられなくなるおそれがあることに注意する．

(3) 計数装置の測定時間は最低でも 1 分以上とする．以下，β 線を遮蔽する Al 板の枚数が増えるにつれて計数率は激減していく．測定結果の統計的なばらつきを小さくするために，Al 板の枚数に応じて，測定時間を 1 分からはじめて，適宜，2 分，3 分と増やしていくことで，よりよい結果が得られる．重ねる Al 板の枚数については，最低限，ばらつきの範囲内で計数率が一定値 (25 ～ 30cpm) に近づくことを確認するまでは実験を続けること．目安としては，Al 板の枚数が 0～6 枚までの範囲内では測定時間を 1 分，7～13 枚の範囲内では測定時間を 2 分とする．

(4) 遮蔽板の穴 (図 8.3 参照) をふさぐように Al 板を一枚ずつ重ねていき，それぞれの枚数に対する計数値 (計数率) を測定する (Al 板の枚数，測定時間，計数値を記録する)．Al 板を重ねる際には，板の位置をずらさないよう慎重に重ねていく方がよい．

8.6.3　結果の整理

横軸に吸収板の厚さを，縦軸に計数率 [cpm] をとった**片対数グラフ**を描く (図 8.4 参照)．

(1) 横軸の厚さとしては，長さの単位 [mm] ではなく，吸収板の密度 [g/cm^3] を掛けた量 (単位面積あたりの質量 [mg/cm^2]) をとる．これは，物質による遮蔽を議論するにあたり特定の物質の厚さ自体が重要なわけではないためである．たとえば，同じ厚さでも，密度の比較的大きい鉛とアルミニウムとでは放射線の遮蔽効果は異なる．吸収体の厚さを [mg/cm^2] を単位として表した量は，放射線と衝突する物質内部の電子数に比例する．このため，この単位を用いると吸収曲線は吸収体の種類によらずほぼ一致するようになる．使用するアルミ板すべての厚さはすべて 0.50mm としてよい．単位を [mm] から [mg/cm^2] へ換算するには，アルミニウムの密度 2.69 [g/cm^3] を掛ければよい．すなわち，以下のとおりである．

$$0.50\ [\mathrm{mm}] \times 2.69\ [\mathrm{g/cm^3}] = 0.050\ [\mathrm{cm}] \times 2.69 \times 10^3\ [\mathrm{mg/cm^3}] = 135\ [\mathrm{mg/cm^2}].$$

(有効数字は 2 桁.) これを単位として，Al 板の枚数倍することでグラフの横軸とする．

(2) グラフの縦軸方向の誤差棒については，実験 1 と同様である．計測時間 T [分](=[min]) のときの計数率 $n = N/T$ cpm に対する標準偏差は $\sqrt{T}$ に反比例して減少する (設問 5).

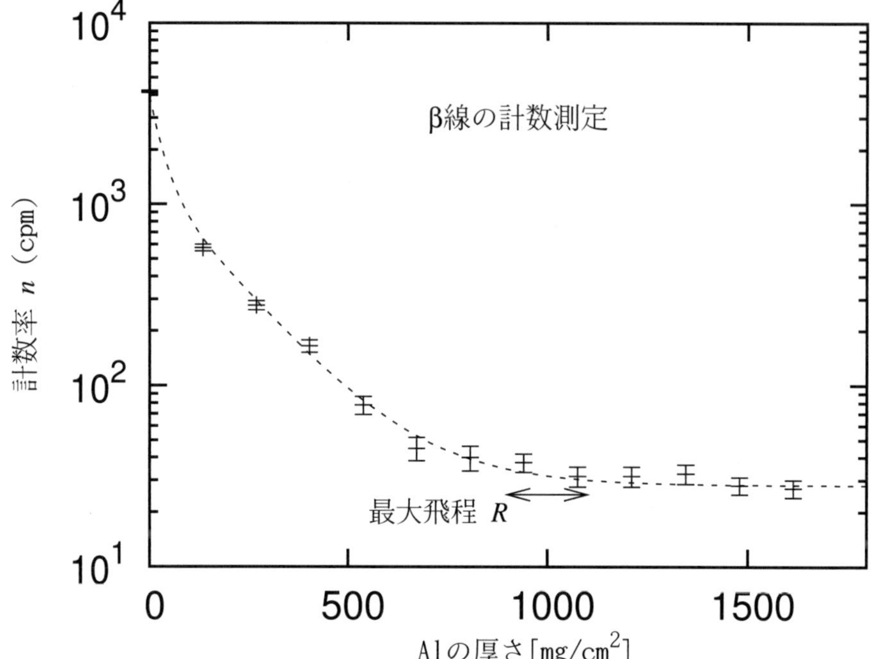

図 8.4 ^{90}Sr から放射される β 線の Al による吸収曲線

前述のとおり，Al 板の枚数を増したときに計測時間 T を長めにとるのは，計数率のばらつきを小さくするためである．

(3) グラフはおよそ (指数関数的減衰を表す) 右下がりの直線部分と (厚さによらず一定を示す) 水平部分からなる．誤差棒を考慮に入れたうえで，これらを滑らかに結ぶ (図 8.4 参照).

(4) 近似的にではあるが，グラフの右下がりの直線部分の傾きが緩やかに変化し，水平に近づく近傍として，β 線の**最大飛程** R [mg/cm^2] が求まる．R の推定値として許容される範囲 $R \pm \Delta R$ をグラフから目算で評価する [$R = (\cdots \pm \cdots) \times 10^3$ mg/cm^2 の形で求める]．ここで最大飛程とは，放射線が貫通しうる最大の距離を表す．放射線のエネルギーが大きければ，当然ながら飛程は大きくなる．吸収物質が Al の場合，最大飛程 R [mg/cm^2] と最大エネルギー $E_{\max}$ [MeV] との間の関係は実験的に知られており，$0.8\text{MeV} < E_{\max} < 3\text{MeV}$ に対しては次式で与えられる．

$$R = 542E_{\max} - 133.$$

これを用いて $E_{\max}$ を評価し [$E = (\ \cdots\ \pm\ \cdots\ )$ MeV の形で求め]，理論的に期待される値である 2.27 MeV と比較する．

839	820	876	848	803	920	762	838	886	825
855	822	820	829	845	843	790	816	836	873
855	863	791	827	824	862	833	817	866	847
834	804	876	808	861	841	827	872	871	852
835	820	859	···	···	···	···	···	···	···
···	···	···	···	···	···	···	···	···	···
···	···	···	···	···	···	···	···	···	···
···	···	···	···	···	···	···	···	···	···
···	···	···	···	···	···	···	···	···	···
···	···	···	···	···	···	···	···	···	···

表 8.1 計数値の統計的変化の記録 (例)

計数値	760	770	780	790	800	810	820	830	840
頻度	3	2	0	5	9	7	17	14	11
計数値	850	860	870	880	890	900	910	920	930
頻度	9	10	6	4	1	1	0	1	0

表 8.2 計数値 N の頻度分布 (幅を $\Delta N = 10$ とした場合の集計結果)

8.7 実験 3: 放射性崩壊の統計的性質

8.7.1 目的

β 線の計数値 N は統計的なばらつきをもつが，これは測定に付随する通常の測定誤差とは意味合いが異なる．β 崩壊に限らず，放射性崩壊は量子力学にしたがう本質的に統計的な現象である．同一の設定の下での測定を繰り返すことで，β 崩壊の統計的性質を調べ，測定値 N に対するヒストグラムを描くことで，計数値のばらつきの程度が $\sigma = \sqrt{N}$ であることをみる．

8.7.2 方法・手順

(1) 印加電圧は実験 2 と同じでよい (プラトー領域のほぼ中間に設定).

(2) 計数率が 2000~4000cpm となるように，測定台の放射線源，および遮蔽板の位置を調節する (実験 2 と同じでよい).

(3) 計数装置の測定時間を，0.2 分 (=12 秒) にセットする．

(4) 設定を変えずに，測定を 100 回繰り返す (結果は表 8.1 のようにまとめる).

8.7.3 結果の整理

(1) 図 8.5 のようなヒストグラムを描くために，得られた結果を表 8.2 のように集計する．確認のため，集計結果 (頻度) がすべて足しあわせて 100 となることを確認すること．この

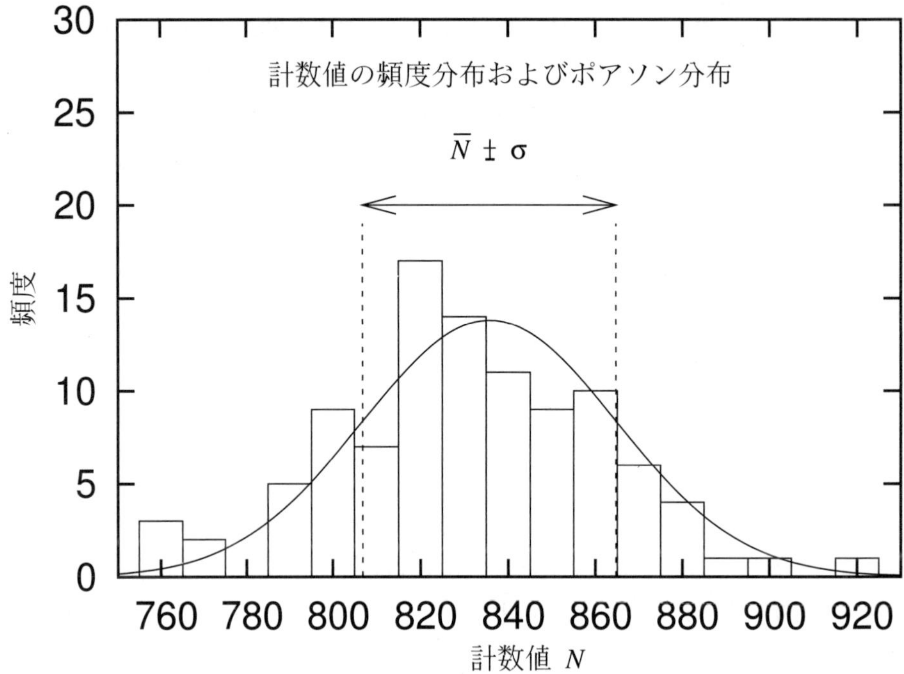

図 8.5　計数値の頻度分布およびポアソン分布

例では，ヒストグラムの幅を $\Delta N = 10$ とし，四捨五入により 100 個のデータのうち何個が問題の幅に納まっているかを数えている．たとえば，表 8.2 の「830」の欄には「14」とあるが，これは 100 個のうち 14 個のデータが 825 から 834 まで (四捨五入して 830) の間にあることを示す．ここで扱うデータは，計数値そのものであり計数率 [cpm] ではないことに注意せよ．表 8.2 と図 8.5 の例では，計数値が平均値 $\bar{N} = 835.8$ に対し，$\sigma = 28.9$ である．図 8.5 は，たしかに平均値 $\bar{N} = 835.8$ を中心に $\bar{N} \pm \sigma$ の範囲内にデータがばらついていることを示している．前節 (2) の調整によると，平均値 $\bar{N}$ は 400 から 800 程度の値になる．この範囲を大きく逸脱する場合には (ヒストグラムが滑らかになるよう) N の大きさに応じて幅 ΔN を調節する (たとえば，$\bar{N} \sim 2000$ なら $\Delta N = 20$ とする)．

(2) 得られたヒストグラムにポアソン分布曲線を重ねて描く．ここではガウス分布の式 (8.3) で代用してよい．具体的には，横軸 N に対する縦軸の値は次式から求める．

$$\text{測定回数} \times \frac{1}{\sqrt{2\pi\bar{N}}} \exp\left[-\frac{(N-\bar{N})^2}{2\bar{N}}\right] \Delta N.$$

測定回数は 100，ΔN はヒストグラムの幅 (例: $\Delta N = 10$)．$\bar{N}$ は 100 個のデータの平均値である．

(3) 式 (8.4) により，理論的には全体の 68%のデータが $\bar{N} \pm \sigma$ の範囲におさまる．100 個の測定値をもとに，$\bar{N} - \sigma$ から $\bar{N} + \sigma$ の間の値をとるデータ数の割合 (図 8.5 の点線ではさまれた範囲に含まれる生データの割合) を求め，理論値 68%と比較せよ．

8.8 実験 4: バックグラウンドの測定

8.8.1 目的

これまで測定してきた放射線は，必ずしも試料から放たれたものだけとは限らない．宇宙線や大気中など，自然界に存在する放射性物質に起因する背景的な寄与を**バックグラウンド**という．放射線シールド (遮蔽) によりバックグランドを減らすことは可能だが，完全にゼロにすることは難しい．以下では，計数率へのバックグラウンドによる寄与を評価する．

8.8.2 方法・手順

(1) 印加電圧は実験 2, 実験 3 と同じでよい (プラトー領域のほぼ中間に設定).

(2) (担当指導者の立ち合いのもとで) β 線密封線源 ^{90}Sr を保管場所へ戻す.

(3) 計数装置の測定時間を 10 分にセットする (上記のとおり，計測時間は長い方がよい).

(4) 測定結果 (電圧値その他) を記録する.

以下，片付け作業となる.

(1) 計数装置のリセット (スタート) ボタンを押して，計数表示値を 0 に戻す．測定時間カウンタについても，もとに戻す.

(2) **計数装置の電圧調整つまみを，ゆっくりと左いっぱいに回す** (電圧を 0 にする)．これを怠ると，次回使用時に不注意に電源を入れたときに GM 計数管にいきなり高電圧がかかり破損の原因となる.

(3) **計数装置の主電源を OFF にする．**すべての装置の主電源を OFF にしたことを確認した上で，各実験テーブルごとに設置してある交流電源安定器の電源を OFF にする.

8.8.3 結果の整理

バックグラウンドの計数率を，誤差を含めて評価する．得られた結果を，実験 2 の図 8.4 における水平部分の値 (Al 板の枚数を増やすにつれて漸近していった値) と比較する.

8.9 設問

設問 1

(1) ポアソン分布の式 (8.1) に対して,

$$\sum_{N=0}^{\infty} P(N) = 1 \tag{8.5}$$

が成り立つことを示せ．ヒント: 指数関数の展開式 $\mathrm{e}^x = \displaystyle\sum_{n=0}^{\infty} \frac{x^n}{n!}$.

(2) ポアソン分布に対して，平均値が

$$\sum_{N=0}^{\infty} NP(N) = \bar{N} \tag{8.6}$$

で与えられることを示せ．

(3) ポアソン分布に対して，式 (8.2) が成り立つことを示せ．

ヒント: 式 (8.5)，(8.6) により，

$$\sigma^2 = \sum_{N=0}^{\infty}(N^2 - 2N\bar{N} + \bar{N}^2)P(N) = \sum_{N=0}^{\infty} N^2 P(N) - \bar{N}^2. \tag{8.7}$$

(4) $\bar{N} = 10$ および $\bar{N} = 20$ の場合に対して，ポアソン分布の式 (8.1) およびガウス分布の式 (8.3) を重ねて図示し，$\bar{N}$ が大きくなるにつれてポアソン分布がガウス分布に近づくことを示せ．

設問 2

(1) ^{90}Sr 線源から放射される β 線 (電子) の平均エネルギーが 0.8MeV，GM 計数管内の気体分子 (原子) の電離エネルギーの平均を約 30eV と仮定する．このとき，1 個の電子が GM 管内に入るときに電離される気体分子の数を求めよ (1MeV=10^6eV である)．

(2) こうして生じた電子と陽イオンがそのまま電極に引きよせられると仮定すると，電離によって発生する負電荷の総量は何 C(クーロン) となるか．

(3) この電離が時間 10^{-4}s でおこなわれるとすると，陽極に流れる電流は何 A(アンペア) となるか．

設問 3

(1) 1×10^{-9}g の ^{90}Sr に含まれる ^{90}Sr 原子核の個数 N_0 を求めよ．

(2) 時刻 t における ^{90}Sr の数 $N(t)$ は次の微分方程式をみたす．

$$\frac{\mathrm{d}N}{\mathrm{d}t} = -kN.$$

ここで k [s^{-1}] は崩壊定数とよばれ，単位時間 (1s) あたりに 1 個の ^{90}Sr が崩壊する確率を表す．初期条件 $N(0) = N_0$ のもとで，この方程式の解を求めよ．

(3) $\dfrac{N(\tau)}{N(0)} = \dfrac{1}{2}$ となる時間 τ が半減期である．半減期 τ を k を用いて表せ．

設問 4

(1) 崩壊定数 k [s^{-1}] をもつ 1 個の原子核が微小時間間隔 Δt の間に崩壊する確率は $k\Delta t$，崩壊しない確率は $1 - k\Delta t$ で与えられる．総数 $N_{\rm tot}$ 個の原子核のうち任意の N 個の原子核が間隔 Δt の間に崩壊する確率 $P(N)$ を求めよ．ヒント: $N_{\rm tot}$ 個から N 個を選び出す場合の数は ${}_{N_{\rm tot}}\mathrm{C}_N = \dfrac{N_{\rm tot}!}{(N_{\rm tot} - N)!N!}$.

(2) 前問の答を，$N_{\rm tot}$，N，および，崩壊数 N の平均値 $\bar{N} = N_{\rm tot}k\Delta t$ の 3 つの記号を用いて表せ．

(3) $N_{\rm tot} \gg N$ のときに成り立つ近似 $\left(1 - \dfrac{\bar{N}}{N_{\rm tot}}\right)^{N_{\rm tot}-N} = \left(1 - \dfrac{\bar{N}}{N_{\rm tot}}\right)^{N_{\rm tot}} \simeq \mathrm{e}^{-\bar{N}}$，およ

び，$N_{\mathrm{tot}}! \simeq (N_{\mathrm{tot}} - N)! N_{\mathrm{tot}}^{N}$ により，$P(N)$ に対してポアソン分布の式 (8.1) が得られることを示せ．

設問 5

測定により得られる計数率の測定時間間隔依存性について考える．

ポアソン分布では計数値 N に対し，標準偏差は $\sqrt{N}$ で与えられる (式 (8.2))．計測時間を T [分](=[min]) とするならば計数率は $n = N/T$ cpm (=[min^{-1}]) である．計数率を $n = \bar{n} \pm \Delta n$(cpm) と記すとき，誤差幅 Δn を $\bar{n}$ および T によりあらわせ．

第 9 章

超伝導

9.1 目的

最近発見された高温の転移温度 $T_{\rm c}$ [critical temperature，$T_{\rm c}$ >77K(常圧下での窒素の沸点)] を持つ超伝導体 Y-Ba-Cu-O 系の抵抗の温度変化を測定し，常伝導-超伝導の転移を観測する．さらにマイスナー効果および磁束のトラップについて調べる．また，低温における温度測定法および 4 端子法による抵抗測定法を理解する．

9.2 原理

9.2.1 超伝導の電気的性質

1911 年にカマリン・オネスは水銀の電気抵抗が低温で 0 になることを発見し，超伝導と名づけた．超伝導体の抵抗の温度依存性の概略図を図 9.1 に示す．同じ図に，金属と半導体の抵抗の温度依存性も示す．半導体は，温度を下げるとともに伝導帯の電子数または価電子帯のホール数が減少するため抵抗は増大する．一方，金属は，電子数の温度依存性は小さいものの，温度を下げるとともに格子振動が減少し，電子の移動度の増大により抵抗が減少する．

超伝導体の抵抗が 0 になる温度 (超伝導に転移する温度) を転移温度 $T_{\rm c}$ と呼ぶ．水銀の場合は $T_{\rm c}$=4.2K(−268.8℃) である．この転移温度については，常圧下での窒素の沸点 77K(−196°C) との比較が重要になる．なぜなら，77K よりも低温を得ようとすると液体ヘリウム (高価で大掛かりな装置が必要) を使用しなければならないからである．特に超伝導体を広く応用するには，液体窒素 (安価で取り扱いが容易) による冷却で超伝導に転移する物質が必要になる．そこで高い $T_{\rm c}$ を持つ超伝導体の探索が精力的に行われた．その結果，1986 年にベドノルツとミュラーによって $T_{\rm c}$ が 30K(−243℃) 付近の La-Ba-Cu-O 系が発見された．1987 年にはチューらは $T_{\rm c}$ が 90K(−183℃) 付近の Y-Ba-Cu-O 系を発見した．現在さらに $T_{\rm c}$ の高い超伝導体の探索が続けられており，最近では $T_{\rm c}$ が 130K(−143℃) を越える超伝導体も発見されている．

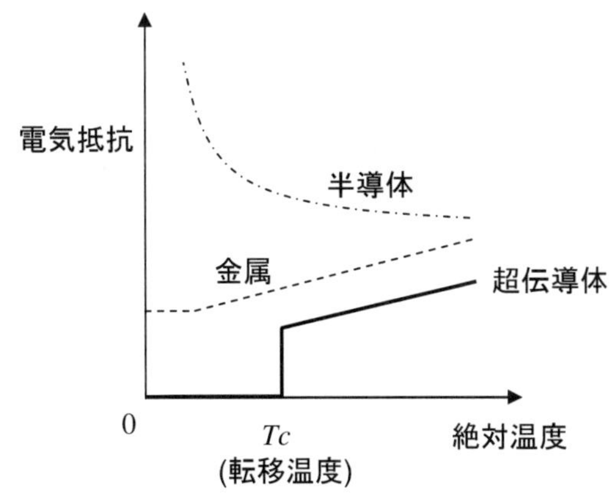

図 9.1 超伝導体，金属，半導体の電気的性質の概略図

9.2.2 抵抗測定

試料の抵抗を測定する最も簡単な方法として，2 端子法がある．この方法では，図 9.2 の左図に示すように試料と直列に電流計を，並列に電圧計を接続し，電流と電圧を測定する．そしてその電流と電圧とオームの法則 (電圧=電流 × 抵抗) から抵抗を求める．しかし，この方法は試料の抵抗が小さい場合の測定には向かない．なぜなら試料とリード線間の接触抵抗を含んだ抵抗が測定されるからである．そのような場合の有効な方法としては 4 端子法がある．4 端子法では，図 9.2 の右図のように試料に直接電圧測定端子を接続して電圧を測定し抵抗を求める．これにより，接触抵抗を除くことができる．

設問 1

2 端子法，4 端子法で実際に測定される抵抗の表式を求め，超伝導体のように試料の抵抗が十分に小さいときの抵抗測定では 4 端子法が有効であることを確認しよう．まず図 9.2 に示すように，接触抵抗を全て 1 箇所あたり r (つまり $r_1 = r_2 = r_3 = r_4 = r$)，電圧計の内部抵抗を R_V，試料の抵抗を R とした回路を考える．試料および電圧計を流れる電流をそれぞれ I，i とするとき，電圧計が示す電圧 V_m，電流計が示す電流 I_m に対して，$V_\mathrm{m} = R_V i$，$I_\mathrm{m} = I + i$ が成り立つ．したがってこれらの測定値から単純に推測される試料の抵抗 R_m は $R_\mathrm{m} = \dfrac{V_\mathrm{m}}{I_\mathrm{m}} = \dfrac{R_V i}{I + i}$ となる (R_m は実際の試料の抵抗 R とは異なる)．以下の場合に対して R_m を求めよ．

(1) 2 端子法，4 端子法での R_m を R, R_V, r を用いて表せ．

(2) $R_V \gg R, r$ のとき，2 端子法，4 端子法の R_m がそれぞれ $R + 2r$，R と近似されることを示せ (この結果から，$r > R$ のとき，2 端子法では R を正確に測れないことがわかる)．

(3) R=1mΩ，r=100mΩ，R_V=10MΩ のとき，(1) の結果を用いて 2 端子法，4 端子法の R_m の値を求めよ．

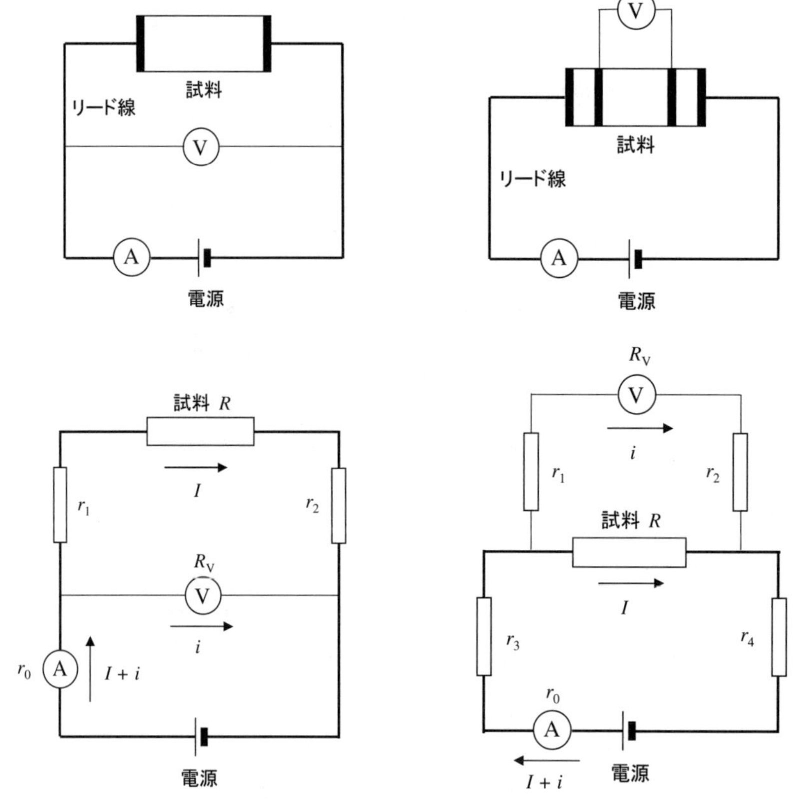

図 9.2　2 端子法 (左図) と 4 端子法 (右図)

9.2.3　温度測定

温度測定は熱電対を用いて行う．熱電対とは，図 9.3 のように異なる 2 種類の金属 A，B を結合して作った回路である．測定端温度 T[℃] と基準端温度 T_0[℃] に関係した起電力 $E(T, T_0)$[V] を測定し，T を求める (熱電対については 9.9.1 節を参照のこと)．この実験では，A＝クロメル (Cr, Ni を主体とした合金)，B＝アルメル (Al, Mn, Si, Ni を主体とした合金) を用いる．ちなみに，この熱電対は −200℃ 以上 1000℃ 以下の温度を測定できる．

図 9.4 に熱電対の熱起電力特性を示す．基準端温度 T_0=0℃，測定端温度 T℃ のとき，熱起電力 E は $E = \alpha T + \beta T^2/2$ として表される (9.9.1 節参照)．したがって T は $T = \dfrac{-\alpha + \sqrt{\alpha^2 + 2\beta E}}{\beta}$[℃] となる．図 9.4 の実測値の 2 点 (E=−5.320mV では T=−168.0℃, E=−5.694mV では T=−188.0℃) から，α=4.325×10^{-2} mV/℃, β=1.379×10^{-4} mV/(℃)^2 と見積られる．

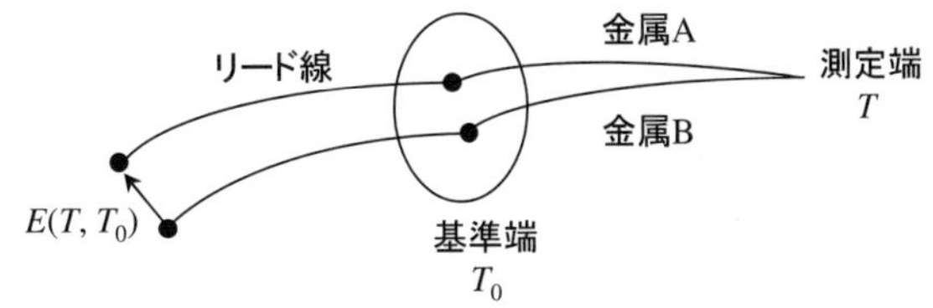

図 **9.3** 熱電対の仕組み

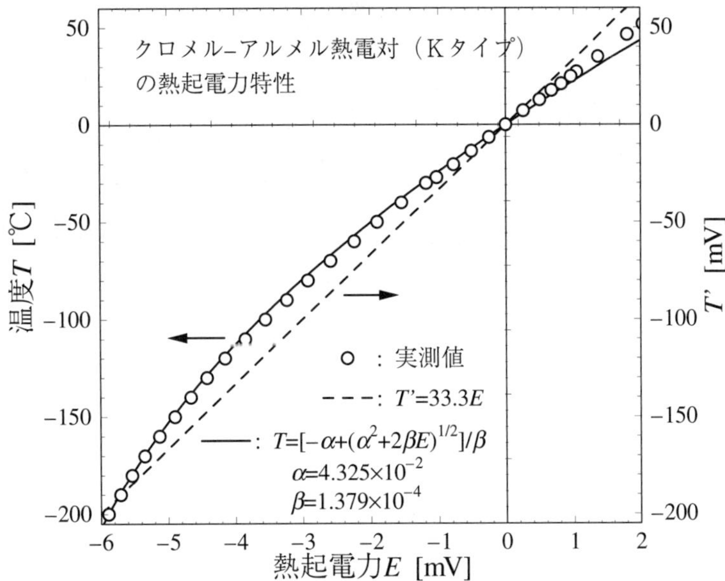

図 **9.4** クロメル-アルメル熱電対の熱起電力特性．基準端の温度が **0°C**，測定端の温度が T[°**C**] のときの T と熱起電力 E[**mV**] の関係を表す．

9.3 装置

液体窒素用および氷水用デュアー瓶[1](ステンレス製，各 1)，試料ホルダー (試料; 電圧・電流・熱電対リード線付)，スタンド，アンプ 2 台 (1 つのシャーシ)，電源，小シャーシ，デジタル・テスタ (2 台)，ドライヤー

9.4 測定の準備

(1) 乾燥器 (デシケータ) より試料ホルダー下部 (試料付) を取り出す．このとき，ホルダーの番号は装置の番号と同じものを使う．

(2) デジタル・テスタを抵抗 [Ω] レンジにして，次の 3 項目をチェックし，それぞれの抵抗値を記録する．

1. 電流リード線間の導通．
2. 電圧リード線間の導通．
3. 熱電対リード線用の導通．

[1] デュアー瓶とはジェームス・デュアーが開発した低温用の魔法瓶のことである．

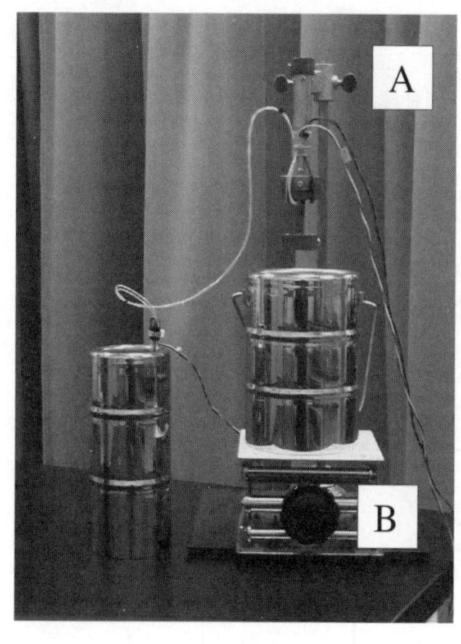

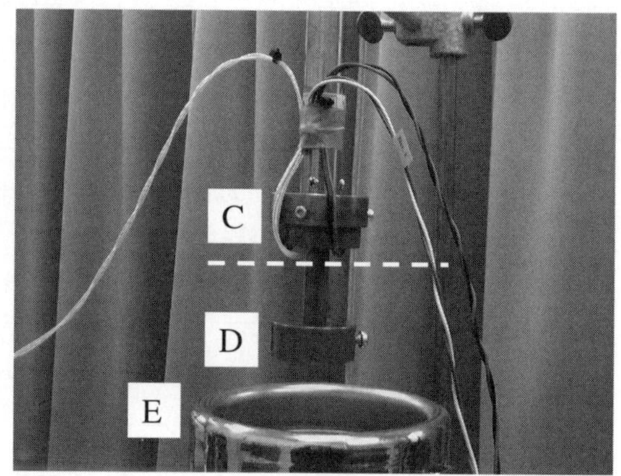

図 9.5 試料ホルダー，デュアー瓶のセッティング (**A:** スタンド，**B:** 伸縮台，**C:** 試料ホルダー，**D:** 銅ブロック，**E:** デュアー瓶)

電流・電圧リード線用の抵抗が 5Ω 以上，熱電対リード線間の抵抗が 100Ω 以上の場合には，故障の可能性があるので連絡すること．

(3) 試料ホルダーの下部をスタンドについている上部の部分に固定する．その際，ビス 3 本を使用する．

(4) 試料ホルダー下部より出ている 3 対のリード線を，上部のステンレス部にビニールテープでとめる (図 9.5 参照)．

(5) 図 9.6 のように配線を行う．

(6) アンプ 1 と 2 の電源のスイッチを ON にする．これはアンプにより電圧を増幅するためである．倍率はテスタ 1 の電圧が 100 倍，テスタ 2 の電圧が 33.3 倍になるように設定されている (図 9.4 の破線 $T' = 33.3E$ を参照)．発生する電圧は小さいので，増幅しないとテスタで電圧を読み取れない．

(7) テスタ 1，2 のつまみを V レンジに合わせる．

(8) 定電流用電源のスイッチを入れ (OUTPUT ON とし)VOLT CURR のつまみを回して試料に電流を流す．電流計端子は＋と 30mA を使用し，読みが 10mA となるようにつまみを調節する．

(9) 液体窒素を液体窒素タンクよりステンレス・デュアー瓶に 8 分目ほど注ぐ．その際，図 9.7 のように液体窒素用デュアー瓶を床に置いて行う．

(10) 製氷器の氷をクラッシャーにかける．取り出した小粒の氷を氷水用デュアー瓶一杯に詰める．次に，水をポリタンクよりデュアー瓶の口まで入れ氷水の混合を作る．

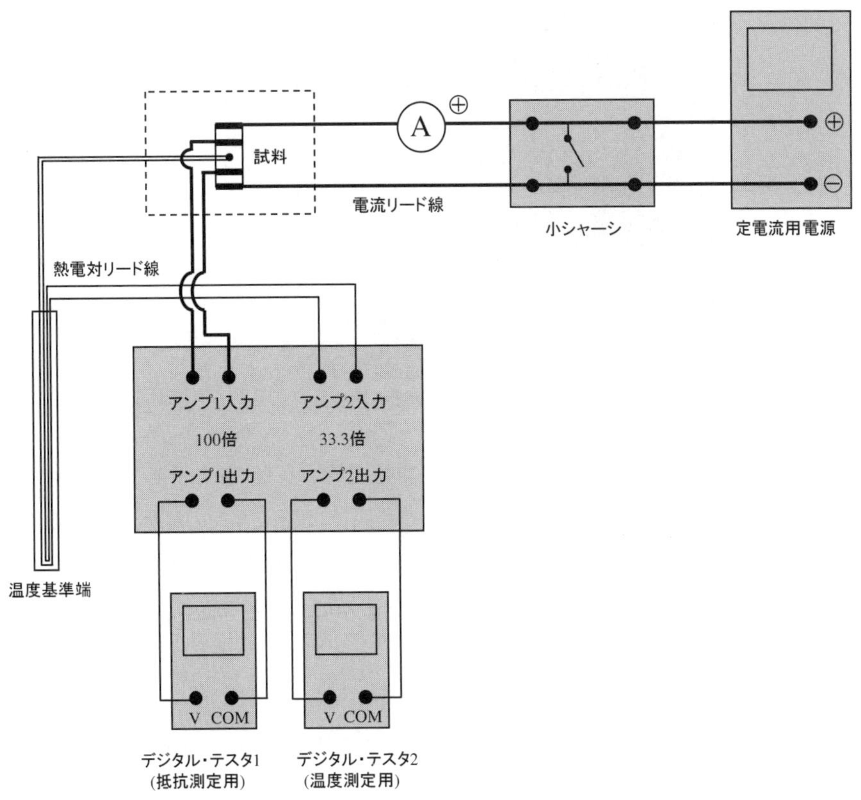

図 **9.6** 配線図

9.5 測定

(1) まず熱電対の測定端を空気中にさらしておき，基準端を氷水 (T_0=0℃) に入れる前と入れた後で熱起電力がどう変わるかを見る．

(2) 試料ホルダー C とデュアー瓶の位置関係を図 9.5 のように設定する．伸縮台 B は下に充分に下げた状態として，A のネジにより C の下部がデュアー瓶 E の少し上ぐらいの位置にしておく．

(3) 次に A のネジをゆるめて全体を下げる．銅ブロック D は液体窒素に完全に浸し，C の下端から 5〜10mm の位置に液体窒素の液面がくるように保つ．つまり図 9.5 の C の下の点線あたりに液面がくるようにする．注意: ホルダー C を液体窒素に直接浸さないこと (超伝導体に取りつけた導線が接触不良を起こし，測定できなくなる).

しばらく放置し熱起電力を表わすテスタ 2 の目盛りが少しずつ下がるのを見る．液体窒素の液面が蒸発により下がったときは，伸縮台 B を上げて液面の高さを調節する．

テスタ 2 の熱電対の起電力は摂氏温度と大体等しくなるように，つまり 1mV が約 1℃ になるように，アンプ 2 の倍率が調整されている．その倍率は前述のとおり 33.3 倍である．測定の段階では，近似としてテスタ 2 の数値 [mV] を大体の温度 [℃] とみなしてよい (図 9.4 参照)．実験後，9.6 節の (2) で正確な温度を求める．

図 9.7　液体窒素の注ぎ方

温度 −160℃ からテスタ 1 の電圧の測定を開始する．−160℃〜−174℃ の範囲では 2℃ 間隔で電圧を測定する．−174℃〜−190℃ の範囲では超伝導への転移が起こるので，より狭い温度間隔で測定する．とくに電圧の変化が急激な転移点近傍は 0.1℃ 間隔で測定すること．なお，転移点近傍は電圧の時間変化が急激なので，携帯電話のムービー機能を使用して測定しても良い．

得られた結果は表 9.1 の形式で整理する．

(4) この方法で熱電対の出力が −190℃ 以下になるまで測定する．−190℃ 以下になってもテスタ 1 の読みが 0 にならない場合は次の 1，2 のどちらかが原因である．

1. アンプ 1 のゼロ点がずれている (アンプ 1 で入力電圧は 0 になっているのに出力電圧は 0 になっていない)．
2. 試料が超伝導になっていない．

原因を確かめるために小シャーシの入力を短絡してみる．短絡する前と後で同じ値のときは 1 の理由であり，異なる値のときは 2 の理由である．1 の場合は便法として，この残留数値を全てのテスタ 1 の電圧 (抵抗測定用の電圧) の読みから引き去る．2 の場合は担当教員に連絡すること．

(5) もし (3) の過程で温度変化が速すぎて常伝導-超伝導の転移過程が測定できなかったなら，C を引き上げ温度を −160℃ まで上げてから再度測定を行う (室温まで温度を上げてはいけない)．

9.6　結果の整理

(1) 各温度でテスタ 1 が示す数値から，最低温度での数値を引いた値を求める (9.5 節 (4) 参照)．次に，この値をアンプ 1 の倍率 100 で割り試料の電圧値を求める．さらに電圧値を電流 10mA で割り試料の抵抗 R を求める．たとえばテスタ 1 の読みが 2.1mV であれば，R は

$$R = 2.1\text{mV}/100/10.0\text{mA} = 2.1 \times 10^{-3}\Omega = 2.1\text{m}\Omega \tag{9.1}$$

表 9.1　テスタ１の電圧と試料の抵抗率およびテスタ２の電圧と試料の温度

テスタ 2		テスタ 1		
電圧 [mV]	試料温度 [℃]	電圧 [mV]	抵抗 R [mΩ]	抵抗率 ρ [mΩ· cm]
−160.0	−144.3			
.	.			
.	.			
.	.			

となる (抵抗 R[mΩ] の数値は電圧 [mV] の数値に等しい)．このようにして求めた抵抗 R から抵抗率 ρ を算出する．ρ が均一な柱状試料に対して次式が成り立つ．

$$\rho = (S/l) \times R \tag{9.2}$$

ここで S は試料の断面積，l は端子間の長さであり，これらは実験室に提示されている試料のサイズ (3 箇所をノギスで測り，各々の平均値を記載したもの) から求める．なお S と l は cgs 単位で表し，ρ の単位は [mΩ·cm] とする．

(2) テスタ 2 で読み取った数値と表 9.2 から試料の温度 T を求める．

(3) 抵抗率 ρ と温度 T の関係を方眼紙に T=−160℃ 以下の適当な範囲でプロットする (図 9.8 参照).

(4) 抵抗率が常伝導のときの 90%, 10%に落ちる温度 T_1, T_2 およびその温度差 $\Delta T = T_1 - T_2$, また抵抗率が 0 となる温度 T_3 を求める (図 9.8 参照).

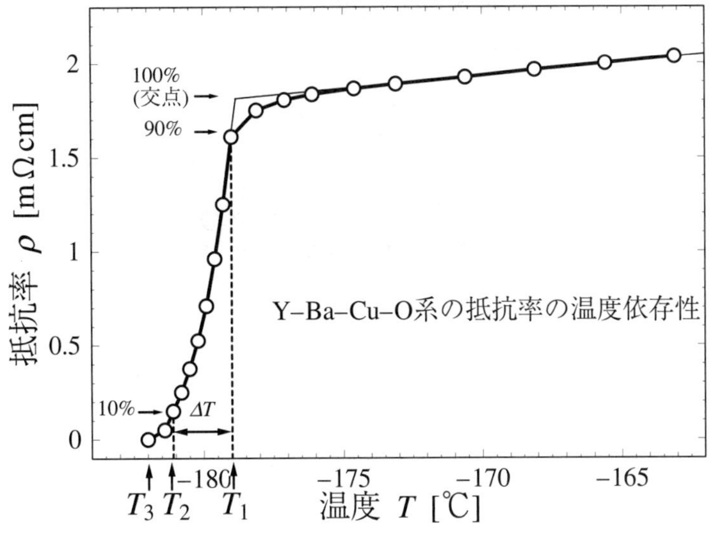

図 9.8　抵抗率の温度依存性

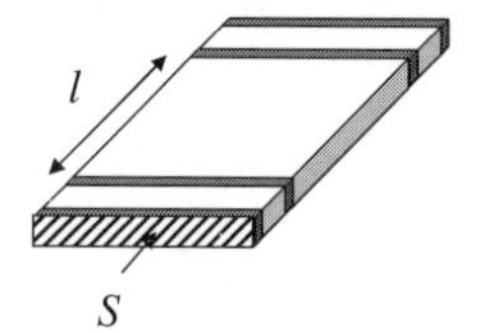

図 9.9　試料の断面積と長さ

9.7　マイスナー効果および磁束のトラップの実験

前節の実験では超伝導体の抵抗が0になることを確認した．しかし，抵抗の消失は絶対零度での理想金属 (欠陥や不純物を含まない金属) でも起こると考えられる．超伝導と理想金属を区別する最大の特徴のひとつは，超伝導体は完全反磁性を示すことである．これは磁束が超伝導体の内部から排除される現象である．この現象はマイスナー効果とも呼ばれる．

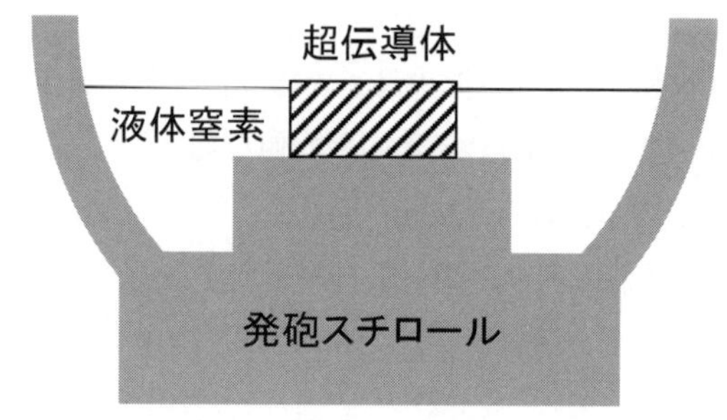

図 9.10　マイスナー効果の実験のための超伝導体のセッティング

図 9.11　マイスナー効果

全員でマイスナー効果および磁束のトラップの実験を行う．図 9.10 のように，試料台と大きな円形の超伝導体 (デシケータ下部にある) をセットする．

(1) 超伝導体の上にネオジム磁石を置き，液体窒素で冷却する．液体窒素は，各班の実験後の残りのものを注ぎ，液面は最終的には図 9.10 の超伝導体の上部よりやや低い位置にくるようにする．超伝導体が十分に冷えると，その上の磁石は静かに浮き上がる (図 9.11 参照)．これがマイスナー効果である．磁石浮上の理由は超伝導体がその表面を対称面とする逆向きの磁石 (鏡像) と等価になり，その仮想的な磁石によって反発力が働くからである

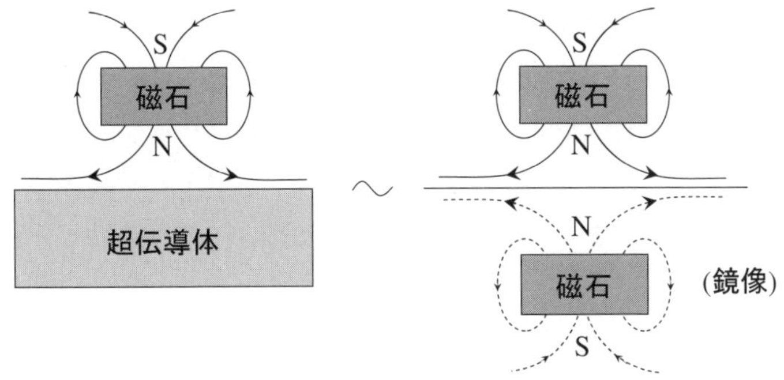

図 **9.12**　マイスナー効果による磁気浮上

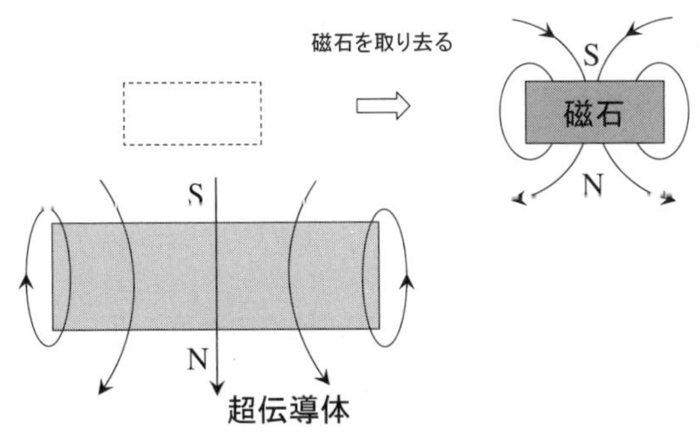

図 **9.13**　磁束のトラップ

(図 9.12 参照). なおこの現象は磁束が超伝導の中に侵入できないことに起因する (図 9.16 の右図参照).

(2) 浮上した磁石をピンセットで動かし反発力を確かめよ. 磁石の向きを変えたり, 平行移動させたり, 回転させたりして, その動きの特徴を見る.

(3) 磁石を超伝導体の上に軽く押しつけたあと磁石を遠方に取り除く. 次に超伝導体の上に方位磁石を持って行き, 磁針の動きを観察する. 磁針の動きから, 磁石による磁束がそのままの向きで超伝導体中に保たれていることが分かるであろう. この現象を磁束のトラップと呼ぶ (図 9.13 参照).

上のマイスナー効果による磁気浮上の実験では, 実は磁石による磁場がかなりの部分, 超伝導体中を通り抜けている. その意味で本来の意味のマイスナー効果ではない. このように超伝導部分と磁束が通り抜ける常伝導部分が共存した状態を混合状態と呼ぶ.

設問 2

マイスナー効果および磁束のトラップの実験から, 完全反磁性 (マイスナー効果) と完全導体 (抵抗 0) の違いを述べよ (9.9.2 節参照).

9.8 後始末

(1) 定電流用電源，アンプの電源を切り，測定系の配線をはずす．

(2) 図9.5のA，BによりC, Dを持ち上げ，下のデュアー瓶をはずす．

(3) ドライヤーを用いて試料ホルダーをあぶり (試料を直接ドライヤーであぶらないこと)，ホルダーの水分を充分にふき取る．あるいはドライヤーを用いない場合は，ホルダーに水滴がつきだしたときにそれをすぐにふき取っておく．試料には絶対に水分をつけないようにすること．

(4) リード線を止めているステンレス部のビニールテープをとる．

(5) 試料ホルダーの3本のビスを取り去り上下を分離し，下部をデシケータに入れ保存する．

9.9 参考: 熱電対，完全導体および超伝導体の磁気的振舞い

9.9.1 熱電対

2種類の金属を2箇所で接合して，この2箇所を異なる温度下におくと回路に熱起電力が生じ電流が流れる．この起電力を熱起電力，流れる電流を熱電流という．なお，このような2種類の金属の組合わせを熱電対と呼ぶ．

今，図9.14のように，金属の一端の温度をT，他端の温度をT_0 ($T > T_0$) として，金属内部に温度勾配がある場合を考える．高温部では自由電子の運動がはげしく，低温部ではそれほどはげしくないため，高温部から低温部に向って自由電子が流れる．自由電子の移動により，低温部は電子密度が大きくなり，負に帯電する．一方，高温部では電子密度は小さくなり，正に帯電する．この帯電によって逆方向に電位差が生じ，電子を流そうとする熱的な力とつり合う．

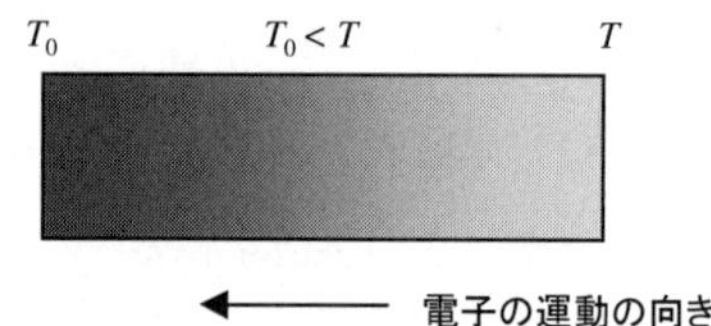

図9.14 温度勾配がある金属の中の電子の運動の向き

金属に沿って低温部から高温部に向ってx軸をとり，電子の電荷を$-e$ ($e > 0$)，熱起電力E[V]による電場を$-\mathrm{d}E/\mathrm{d}x$，温度tの勾配を$\mathrm{d}t/\mathrm{d}x$とする．電子にかかる力がつり合った状態では

$$-e\left(-\frac{\mathrm{d}E}{\mathrm{d}x}\right) - ec(t)\frac{\mathrm{d}t}{\mathrm{d}x} = 0 \tag{9.3}$$

となる．ここで比例係数$c(t)$[V/℃]を熱電能とよぶ．熱電能は数100℃の温度範囲内で，$c(t) = \alpha' + \beta' t$ (α'，β'はtによらない) のように表されることが知られている．ただし，α'，β'の値は金属の種類によって異なる．式(9.3)は$\mathrm{d}E = c(t)\mathrm{d}t$と書かれ，熱起電力$E$は

$$E = \int_{T_0}^{T} c(t)\mathrm{d}t = \alpha'(T - T_0) + \frac{1}{2}\beta'(T^2 - T_0^2) \tag{9.4}$$

と求まる．

次に，式 (9.4) を用いて熱電対の起電力を求める．熱電対の 2 種類の金属を A，B とし，それぞれの熱電能を $c_{\mathrm{A}}(t)=\alpha'_{\mathrm{A}}+\beta'_{\mathrm{A}}t$，$c_{\mathrm{B}}(t)=\alpha'_{\mathrm{B}}+\beta'_{\mathrm{B}}t$ とする．熱電対に生じる起電力 E_{AB} は $E_{\mathrm{AB}}=E_{\mathrm{A}}-E_{\mathrm{B}}$ で表されることから，

$$\begin{aligned} E_{\mathrm{AB}} &= \int_{T_0}^{T} c_{\mathrm{A}}(t)\mathrm{d}t - \int_{T_0}^{T} c_{\mathrm{B}}(t)\mathrm{d}t \\ &= (\alpha'_{\mathrm{A}}-\alpha'_{\mathrm{B}})(T-T_0)+\frac{1}{2}(\beta'_{\mathrm{A}}-\beta'_{\mathrm{B}})(T^2-T_0^2) \end{aligned} \tag{9.5}$$

となる．熱電対の低温部を 0℃，すなわち T_0=0℃ とし，さらに $\alpha\equiv\alpha'_{\mathrm{A}}-\alpha'_{\mathrm{B}}$，$\beta\equiv\beta'_{\mathrm{A}}-\beta'_{\mathrm{B}}$，$E\equiv E_{\mathrm{AB}}$ と改めておくことで

$$E=\alpha T+\frac{1}{2}\beta T^2 \tag{9.6}$$

となる．

9.9.2　完全導体および超伝導体の磁気的振舞い

絶対零度で抵抗が 0 になる完全導体の磁気的振舞いについて説明する (図 9.15 参照)．

(1) (a),(b) 磁場のない所で試料を冷却する．試料の抵抗がなくなる (完全導体になる)．

(2) (c) 抵抗のない試料に磁場を加える．磁束密度 B は導体内部で $B=0$ である．
完全導体では伝導率は無限大であり，オームの法則 (電流密度=伝導率 × 電場) と電流密度は有限であることから電場は 0 である．電場が 0 のとき，ファラデーの法則 (磁束密度の時間変化が電場を誘起する) から，B の時間変化はない．したがって，完全導体になった時点 (初期状態) で $B=0$ よりそのまま $B=0$ となる．

(3) (d) 磁場を取り去る．$B=0$ のままである．

(4) (e)-(f) 磁場中で試料を冷却する．試料の抵抗がなくなる．上の議論より，完全導体では $\dot{B}=0$ より，導体内部の磁束密度は変化しない．

(5) (g) 磁場を取り去る．$\dot{B}=0$ より，完全導体の内側の磁束密度は変化せず，内側の磁束を維持したまま永久電流が流れる．

図 9.15 の (c) と (f) では温度と磁場が同じであるが，両試料の磁化状態は全く異なる．(d) と (g) も同じ温度と磁場で異なった磁化状態を示す．このように完全導体の磁化状態は外部条件によってのみ決まるのではなく，これらの条件が導かれた順序に関係していることがわかる．

次に超伝導体の磁気的振舞いについて説明する (図 9.16 参照)．

(1) (a)-(b) 磁場のない所で試料を冷却する．試料の抵抗がなくなる (超伝導状態になる)．

(2) (c) 超伝導試料に磁場を加える．超伝導状態では，磁束密度は試料内部に存在できない．つまり $B=0$ である．外部磁場の有無に関係なく超伝導体内部で B=0 となる現象を完全反磁性またはマイスナー効果とよぶ．

(3) (d) 磁場を取り去る．試料内部は $B=0$ である．

(4) (e)-(f) 磁場中で試料を冷却する．試料は磁場中で超伝導状態になる．試料内部は $B=0$

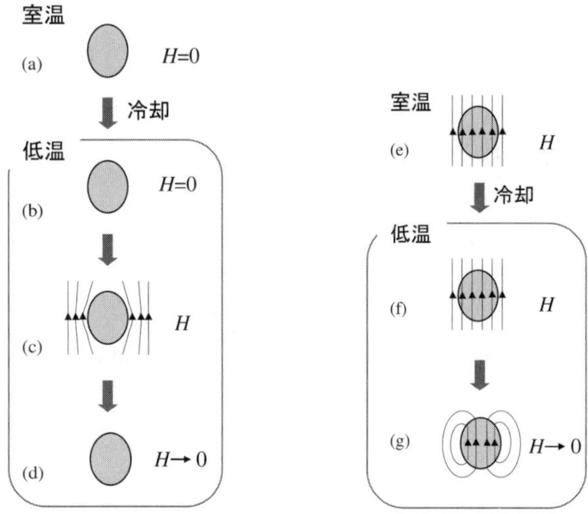

図 **9.15** 完全導体の磁気的振る舞い．ただし H は磁場を表す．

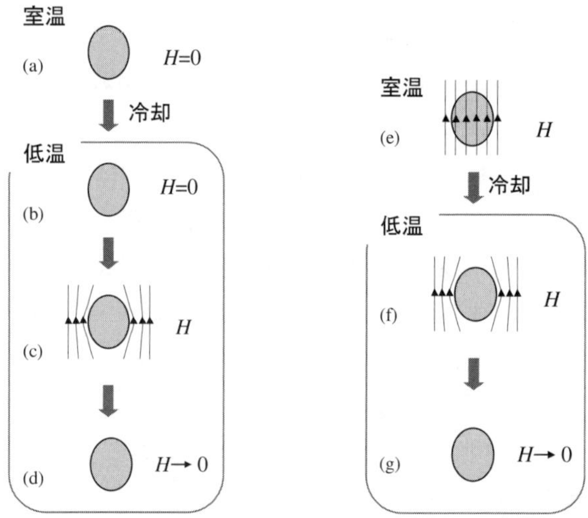

図 **9.16** 超伝導体の磁気的振る舞い．ただし H は磁場を表す．

である．

(5) (g) 磁場を取り去る．試料内部は $B = 0$ である．

理想的な超伝導体の磁化状態は，磁場と温度のその場の値にのみ依存し，経過した過程にはよらない．なお本実験で扱う超伝導体のマイスナー効果は完全なものではないので，図 9.16 と異なる面もあることを付記しておく．

表 9.2　クロメル-アルメル熱電対の熱起電力特性．テスタ **2** の測定値 $E \times 33.3$[**mV**]，E[**mV**]，および $T = \dfrac{-\alpha + \sqrt{\alpha^2 + 2\beta E}}{\beta}$ [**℃**] の計算値を示す．ただし $\alpha = 4.325 \times 10^{-2}$**mV/℃**，$\beta = 1.379 \times 10^{-4}$**mV/(℃)**^{2} であり，これらは実測値の $(E, T) = (-5.320, -168.0)$，$(-5.694, -188.0)$ を満たす．

$E \times 33.3$ [mV]	E [mV]	T [℃]	$E \times 33.3$ [mV]	E [mV]	T [℃]	$E \times 33.3$ [mV]	E [mV]	T [℃]
−160.0	−4.805	−144.3	−165.0	−4.955	−150.8	−170.0	−5.105	−157.7
−160.1	−4.808	−144.4	−165.1	−4.958	−151.0	−170.1	−5.108	−157.8
−160.2	−4.811	−144.5	−165.2	−4.961	−151.1	−170.2	−5.111	−157.9
−160.3	−4.814	−144.7	−165.3	−4.964	−151.2	−170.3	−5.114	−158.1
−160.4	−4.817	−144.8	−165.4	−4.967	−151.4	−170.4	−5.117	−158.2
−160.5	−4.820	−144.9	−165.5	−4.970	−151.5	−170.5	−5.120	−158.4
−160.6	−4.823	−145.0	−165.6	−4.973	−151.6	−170.6	−5.123	−158.5
−160.7	−4.826	−145.2	−165.7	−4.976	−151.8	−170.7	−5.126	−158.6
−160.8	−4.829	−145.3	−165.8	−4.979	−151.9	−170.8	−5.129	−158.8
−160.9	−4.832	−145.4	−165.9	−4.982	−152.0	−170.9	−5.132	−158.9
−161.0	−4.835	−145.6	−166.0	−4.985	−152.2	−171.0	−5.135	−159.1
−161.1	−4.838	−145.7	−166.1	−4.988	−152.3	−171.1	−5.138	−159.2
−161.2	−4.841	−145.8	−166.2	−4.991	−152.4	−171.2	−5.141	−159.3
−161.3	−4.844	−146.0	−166.3	−4.994	−152.6	−171.3	5.144	159.5
−161.4	−4.847	−146.1	−166.4	−4.997	−152.7	−171.4	−5.147	−159.6
−161.5	−4.850	−146.2	−166.5	−5.000	−152.9	−171.5	−5.150	−159.8
−161.6	−4.853	−146.3	−166.6	−5.003	−153.0	−171.6	−5.153	−159.9
−161.7	−4.856	−146.5	−166.7	−5.006	−153.1	−171.7	−5.156	−160.1
−161.8	−4.859	−146.6	−166.8	−5.009	−153.3	−171.8	−5.159	−160.2
−161.9	−4.862	−146.7	−166.9	−5.012	−153.4	−171.9	−5.162	−160.3
−162.0	−4.865	−146.9	−167.0	−5.015	−153.5	−172.0	−5.165	−160.5
−162.1	−4.868	−147.0	−167.1	−5.018	−153.7	−172.1	−5.168	−160.6
−162.2	−4.871	−147.1	−167.2	−5.021	−153.8	−172.2	−5.171	−160.8
−162.3	−4.874	−147.3	−167.3	−5.024	−153.9	−172.3	−5.174	−160.9
−162.4	−4.877	−147.4	−167.4	−5.027	−154.1	−172.4	−5.177	−161.1
−162.5	−4.880	−147.5	−167.5	−5.030	−154.2	−172.5	−5.180	−161.2
−162.6	−4.883	−147.7	−167.6	−5.033	−154.3	−172.6	−5.183	−161.3
−162.7	−4.886	−147.8	−167.7	−5.036	−154.5	−172.7	−5.186	−161.5
−162.8	−4.889	−147.9	−167.8	−5.039	−154.6	−172.8	−5.189	−161.6
−162.9	−4.892	−148.0	−167.9	−5.042	−154.8	−172.9	−5.192	−161.8
−163.0	−4.895	−148.2	−168.0	−5.045	−154.9	−173.0	−5.195	−161.9
−163.1	−4.898	−148.3	−168.1	−5.048	−155.0	−173.1	−5.198	−162.1
−163.2	−4.901	−148.4	−168.2	−5.051	−155.2	−173.2	−5.201	−162.2
−163.3	−4.904	−148.6	−168.3	−5.054	−155.3	−173.3	−5.204	−162.3
−163.4	−4.907	−148.7	−168.4	−5.057	−155.4	−173.4	−5.207	−162.5
−163.5	−4.910	−148.8	−168.5	−5.060	−155.6	−173.5	−5.210	−162.6
−163.6	−4.913	−149.0	−168.6	−5.063	−155.7	−173.6	−5.213	−162.8
−163.7	−4.916	−149.1	−168.7	−5.066	−155.9	−173.7	−5.216	−162.9
−163.8	−4.919	−149.2	−168.8	−5.069	−156.0	−173.8	−5.219	−163.1
−163.9	−4.922	−149.4	−168.9	−5.072	−156.1	−173.9	−5.222	−163.2
−164.0	−4.925	−149.5	−169.0	−5.075	−156.3	−174.0	−5.225	−163.4
−164.1	−4.928	−149.6	−169.1	−5.078	−156.4	−174.1	−5.228	−163.5
−164.2	−4.931	−149.8	−169.2	−5.081	−156.6	−174.2	−5.231	−163.6
−164.3	−4.934	−149.9	−169.3	−5.084	−156.7	−174.3	−5.234	−163.8
−164.4	−4.937	−150.0	−169.4	−5.087	−156.8	−174.4	−5.237	−163.9
−164.5	−4.940	−150.2	−169.5	−5.090	−157.0	−174.5	−5.240	−164.1
−164.6	−4.943	−150.3	−169.6	−5.093	−157.1	−174.6	−5.243	−164.2
−164.7	−4.946	−150.4	−169.7	−5.096	−157.2	−174.7	−5.246	−164.4
−164.8	−4.949	−150.6	−169.8	−5.099	−157.4	−174.8	−5.249	−164.5
−164.9	−4.952	−150.7	−169.9	−5.102	−157.5	−174.9	−5.252	−164.7

$E\times 33.3$ [mV]	E [mV]	T [℃]	$E\times 33.3$ [mV]	E [mV]	T [℃]	$E\times 33.3$ [mV]	E [mV]	T [℃]
−175.0	−5.255	−164.8	−180.0	−5.405	−172.3	−185.0	−5.556	−180.2
−175.1	−5.258	−165.0	−180.1	−5.408	−172.5	−185.1	−5.559	−180.4
−175.2	−5.261	−165.1	−180.2	−5.411	−172.6	−185.2	−5.562	−180.6
−175.3	−5.264	−165.3	−180.3	−5.414	−172.8	−185.3	−5.565	−180.7
−175.4	−5.267	−165.4	−180.4	−5.417	−172.9	−185.4	−5.568	−180.9
−175.5	−5.270	−165.5	−180.5	−5.420	−173.1	−185.5	−5.571	−181.1
−175.6	−5.273	−165.7	−180.6	−5.423	−173.2	−185.6	−5.574	−181.2
−175.7	−5.276	−165.8	−180.7	−5.426	−173.4	−185.7	−5.577	−181.4
−175.8	−5.279	−166.0	−180.8	−5.429	−173.6	−185.8	−5.580	−181.6
−175.9	−5.282	−166.1	−180.9	−5.432	−173.7	−185.9	−5.583	−181.7
−176.0	−5.285	−166.3	−181.0	−5.435	−173.9	−186.0	−5.586	−181.9
−176.1	−5.288	−166.4	−181.1	−5.438	−174.0	−186.1	−5.589	−182.1
−176.2	−5.291	−166.6	−181.2	−5.441	−174.2	−186.2	−5.592	−182.2
−176.3	−5.294	−166.7	−181.3	−5.444	−174.3	−186.3	−5.595	−182.4
−176.4	−5.297	−166.9	−181.4	−5.447	−174.5	−186.4	−5.598	−182.6
−176.5	−5.300	−167.0	−181.5	−5.450	−174.6	−186.5	−5.601	−182.7
−176.6	−5.303	−167.2	−181.6	−5.453	−174.8	−186.6	−5.604	−182.9
−176.7	−5.306	−167.3	−181.7	−5.456	−175.0	−186.7	−5.607	−183.1
−176.8	−5.309	−167.5	−181.8	−5.459	−175.1	−186.8	−5.610	−183.2
−176.9	−5.312	−167.6	−181.9	−5.462	−175.3	−186.9	−5.613	−183.4
−177.0	−5.315	−167.8	−182.0	−5.465	−175.4	−187.0	−5.616	−183.6
−177.1	−5.318	−167.9	−182.1	−5.468	−175.6	−187.1	−5.619	−183.7
−177.2	−5.321	−168.1	−182.2	−5.471	−175.7	−187.2	−5.622	−183.9
−177.3	−5.324	−168.2	−182.3	−5.474	−175.9	−187.3	−5.625	−184.1
−177.4	−5.327	−168.4	−182.4	−5.477	−176.1	−187.4	−5.628	−184.2
−177.5	−5.330	−168.5	−182.5	−5.480	−176.2	−187.5	−5.631	−184.4
−177.6	−5.333	−168.7	−182.6	−5.483	−176.4	−187.6	−5.634	−184.6
−177.7	−5.336	−168.8	−182.7	−5.486	−176.5	−187.7	−5.637	−184.7
−177.8	−5.339	−169.0	−182.8	−5.489	−176.7	−187.8	−5.640	−184.9
−177.9	−5.342	−169.1	−182.9	−5.492	−176.9	−187.9	−5.643	−185.1
−178.0	−5.345	−169.3	−183.0	−5.495	−177.0	−188.0	−5.646	−185.2
−178.1	−5.348	−169.4	−183.1	−5.498	−177.2	−188.1	−5.649	−185.4
−178.2	−5.351	−169.6	−183.2	−5.502	−177.3	−188.2	−5.652	−185.6
−178.3	−5.354	−169.7	−183.3	−5.505	−177.5	−188.3	−5.655	−185.7
−178.4	−5.357	−169.9	−183.4	−5.508	−177.7	−188.4	−5.658	−185.9
−178.5	−5.360	−170.0	−183.5	−5.511	−177.8	−188.5	−5.661	−186.1
−178.6	−5.363	−170.2	−183.6	−5.514	−178.0	−188.6	−5.664	−186.3
−178.7	−5.366	−170.3	−183.7	−5.517	−178.1	−188.7	−5.667	−186.4
−178.8	−5.369	−170.5	−183.8	−5.520	−178.3	−188.8	−5.670	−186.6
−178.9	−5.372	−170.6	−183.9	−5.523	−178.5	−188.9	−5.673	−186.8
−179.0	−5.375	−170.8	−184.0	−5.526	−178.6	−189.0	−5.676	−186.9
−179.1	−5.378	−170.9	−184.1	−5.529	−178.8	−189.1	−5.679	−187.1
−179.2	−5.381	−171.1	−184.2	−5.532	−178.9	−189.2	−5.682	−187.3
−179.3	−5.384	−171.2	−184.3	−5.535	−179.1	−189.3	−5.685	−187.5
−179.4	−5.387	−171.4	−184.4	−5.538	−179.3	−189.4	−5.688	−187.6
−179.5	−5.390	−171.5	−184.5	−5.541	−179.4	−189.5	−5.691	−187.8
−179.6	−5.393	−171.7	−184.6	−5.544	−179.6	−189.6	−5.694	−188.0
−179.7	−5.396	−171.9	−184.7	−5.547	−179.8	−189.7	−5.697	−188.2
−179.8	−5.399	−172.0	−184.8	−5.550	−179.9	−189.8	−5.700	−188.3
−179.9	−5.402	−172.2	−184.9	−5.553	−180.1	−189.9	−5.703	−188.5

$E \times 33.3$ [mV]	E [mV]	T [℃]	$E \times 33.3$ [mV]	E [mV]	T [℃]	$E \times 33.3$ [mV]	E [mV]	T [℃]
−190.0	−5.706	−188.7	−195.0	−5.856	−197.7	−200.0	−6.006	−207.5
−190.1	−5.709	−188.9	−195.1	−5.859	−197.9	−200.1	−6.009	−207.7
−190.2	−5.712	−189.0	−195.2	−5.862	−198.1	−200.2	−6.012	−207.9
−190.3	−5.715	−189.2	−195.3	−5.865	−198.3	−200.3	−6.015	−208.2
−190.4	−5.718	−189.4	−195.4	−5.868	−198.5	−200.4	−6.018	−208.4
−190.5	−5.721	−189.6	−195.5	−5.871	−198.7	−200.5	−6.021	−208.6
−190.6	−5.724	−189.7	−195.6	−5.874	−198.9	−200.6	−6.024	−208.8
−190.7	−5.727	−189.9	−195.7	−5.877	−199.0	−200.7	−6.027	−209.0
−190.8	−5.730	−190.1	−195.8	−5.880	−199.2	−200.8	−6.030	−209.2
−190.9	−5.733	−190.3	−195.9	−5.883	−199.4	−200.9	−6.033	−209.4
−191.0	−5.736	−190.4	−196.0	−5.886	−199.6	−201.0	−6.036	−209.6
−191.1	−5.739	−190.6	−196.1	−5.889	−199.8	−201.1	−6.039	−209.8
−191.2	−5.742	−190.8	−196.2	−5.892	−200.0	−201.2	−6.042	−210.0
−191.3	−5.745	−191.0	−196.3	−5.895	−200.2	−201.3	−6.045	−210.2
−191.4	−5.748	−191.1	−196.4	−5.898	−200.4	−201.4	−6.048	−210.4
−191.5	−5.751	−191.3	−196.5	−5.901	−200.6	−201.5	−6.051	−210.7
191.6	5.754	191.5	196.6	5.904	200.8	201.6	6.054	210.9
−191.7	−5.757	−191.7	−196.7	−5.907	−201.0	−201.7	−6.057	−211.1
−191.8	−5.760	−191.9	−196.8	−5.910	−201.2	−201.8	−6.060	−211.3
−191.9	−5.763	−192.0	−196.9	−5.913	−201.3	−201.9	−6.063	−211.5
−192.0	−5.766	−192.2	−197.0	−5.916	−201.5	−202.0	−6.066	−211.7
−192.1	−5.769	−192.4	−197.1	−5.919	−201.7	−202.1	−6.069	−211.9
−192.2	−5.772	−192.6	−197.2	−5.922	−201.9	−202.2	−6.072	−212.2
−192.3	−5.775	−192.8	−197.3	−5.925	−202.1	−202.3	−6.075	−212.4
−192.4	−5.778	−192.9	−197.4	−5.928	−202.3	−202.4	−6.078	−212.6
−192.5	−5.781	−193.1	−197.5	−5.931	−202.5	−202.5	−6.081	−212.8
−192.6	−5.784	−193.3	−197.6	−5.934	−202.7	−202.6	−6.084	−213.0
−192.7	−5.787	−193.5	−197.7	−5.937	−202.9	−202.7	−6.087	−213.2
−192.8	−5.790	−193.7	−197.8	−5.940	−203.1	−202.8	−6.090	−213.4
−192.9	−5.793	−193.8	−197.9	−5.943	−203.3	−202.9	−6.093	−213.7
−193.0	−5.796	−194.0	−198.0	−5.946	−203.5	−203.0	−6.096	−213.9
−193.1	−5.799	−194.2	−198.1	−5.949	−203.7	−203.1	−6.099	−214.1
−193.2	−5.802	−194.4	−198.2	−5.952	−203.9	−203.2	−6.102	−214.3
−193.3	−5.805	−194.6	−198.3	−5.955	−204.1	−203.3	−6.105	−214.5
−193.4	−5.808	−194.8	−198.4	−5.958	−204.3	−203.4	−6.108	−214.8
−193.5	−5.811	−194.9	−198.5	−5.961	−204.5	−203.5	−6.111	−215.0
−193.6	−5.814	−195.1	−198.6	−5.964	−204.7	−203.6	−6.114	−215.2
−193.7	−5.817	−195.3	−198.7	−5.967	−204.9	−203.7	−6.117	−215.4
−193.8	−5.820	−195.5	−198.8	−5.970	−205.1	−203.8	−6.120	−215.6
−193.9	−5.823	−195.7	−198.9	−5.973	−205.3	−203.9	−6.123	−215.9
−194.0	−5.826	−195.9	−199.0	−5.976	−205.5	−204.0	−6.126	−216.1
−194.1	−5.829	−196.0	−199.1	−5.979	−205.7	−204.1	−6.129	−216.3
−194.2	−5.832	−196.2	−199.2	−5.982	−205.9	−204.2	−6.132	−216.5
−194.3	−5.835	−196.4	−199.3	−5.985	−206.1	−204.3	−6.135	−216.8
−194.4	−5.838	−196.6	−199.4	−5.988	−206.3	−204.4	−6.138	−217.0
−194.5	−5.841	−196.8	−199.5	−5.991	−206.5	−204.5	−6.141	−217.2
−194.6	−5.844	−197.0	−199.6	−5.994	−206.7	−204.6	−6.144	−217.4
−194.7	−5.847	−197.2	−199.7	−5.997	−206.9	−204.7	−6.147	−217.7
−194.8	−5.850	−197.3	−199.8	−6.000	−207.1	−204.8	−6.150	−217.9
−194.9	−5.853	−197.5	−199.9	−6.003	−207.3	−204.9	−6.153	−218.1

$E\times 33.3$ [mV]	E [mV]	T [℃]	$E\times 33.3$ [mV]	E [mV]	T [℃]	$E\times 33.3$ [mV]	E [mV]	T [℃]
−205.0	−6.156	−218.4	−210.0	−6.306	−230.6	−215.0	−6.456	−244.9
−205.1	−6.159	−218.6	−210.1	−6.309	−230.8	−215.1	−6.459	−245.2
−205.2	−6.162	−218.8	−210.2	−6.312	−231.1	−215.2	−6.462	−245.6
−205.3	−6.165	−219.0	−210.3	−6.315	−231.4	−215.3	−6.465	−245.9
−205.4	−6.168	−219.3	−210.4	−6.318	−231.6	−215.4	−6.468	−246.2
−205.5	−6.171	−219.5	−210.5	−6.321	−231.9	−215.5	−6.471	−246.5
−205.6	−6.174	−219.7	−210.6	−6.324	−232.2	−215.6	−6.474	−246.9
−205.7	−6.177	−220.0	−210.7	−6.327	−232.4	−215.7	−6.477	−247.2
−205.8	−6.180	−220.2	−210.8	−6.330	−232.7	−215.8	−6.480	−247.5
−205.9	−6.183	−220.4	−210.9	−6.333	−233.0	−215.9	−6.483	−247.8
−206.0	−6.186	−220.7	−211.0	−6.336	−233.2	−216.0	−6.486	−248.2
−206.1	−6.189	−220.9	−211.1	−6.339	−233.5	−216.1	−6.489	−248.5
−206.2	−6.192	−221.1	−211.2	−6.342	−233.8	−216.2	−6.492	−248.8
−206.3	−6.195	−221.4	−211.3	−6.345	−234.0	−216.3	−6.495	−249.2
−206.4	−6.198	−221.6	−211.4	−6.348	−234.3	−216.4	−6.498	−249.5
−206.5	−6.201	−221.8	−211.5	−6.351	−234.6	−216.5	−6.502	−249.9
−206.6	−6.204	−222.1	−211.6	−6.354	−234.9	−216.6	−6.505	−250.2
−206.7	−6.207	−222.3	−211.7	−6.357	−235.2	−216.7	−6.508	−250.5
−206.8	−6.210	−222.6	−211.8	−6.360	−235.4	−216.8	−6.511	−250.9
−206.9	−6.213	−222.8	−211.9	−6.363	−235.7	−216.9	−6.514	−251.2
−207.0	−6.216	−223.0	−212.0	−6.366	−236.0	−217.0	−6.517	−251.6
−207.1	−6.219	−223.3	−212.1	−6.369	−236.3	−217.1	−6.520	−251.9
−207.2	−6.222	−223.5	−212.2	−6.372	−236.6	−217.2	−6.523	−252.3
−207.3	−6.225	−223.8	−212.3	−6.375	−236.8	−217.3	−6.526	−252.7
−207.4	−6.228	−224.0	−212.4	−6.378	−237.1	−217.4	−6.529	−253.0
−207.5	−6.231	−224.2	−212.5	−6.381	−237.4	−217.5	−6.532	−253.4
−207.6	−6.234	−224.5	−212.6	−6.384	−237.7	−217.6	−6.535	−253.7
−207.7	−6.237	−224.7	−212.7	−6.387	−238.0	−217.7	−6.538	−254.1
−207.8	−6.240	−225.0	−212.8	−6.390	−238.3	−217.8	−6.541	−254.5
−207.9	−6.243	−225.2	−212.9	−6.393	−238.6	−217.9	−6.544	−254.8
−208.0	−6.246	−225.5	−213.0	−6.396	−238.8	−218.0	−6.547	−255.2
−208.1	−6.249	−225.7	−213.1	−6.399	−239.1	−218.1	−6.550	−255.6
−208.2	−6.252	−226.0	−213.2	−6.402	−239.4	−218.2	−6.553	−256.0
−208.3	−6.255	−226.2	−213.3	−6.405	−239.7	−218.3	−6.556	−256.3
−208.4	−6.258	−226.5	−213.4	−6.408	−240.0	−218.4	−6.559	−256.7
−208.5	−6.261	−226.7	−213.5	−6.411	−240.3	−218.5	−6.562	−257.1
−208.6	−6.264	−227.0	−213.6	−6.414	−240.6	−218.6	−6.565	−257.5
−208.7	−6.267	−227.2	−213.7	−6.417	−240.9	−218.7	−6.568	−257.9
−208.8	−6.270	−227.5	−213.8	−6.420	−241.2	−218.8	−6.571	−258.3
−208.9	−6.273	−227.7	−213.9	−6.423	−241.5	−218.9	−6.574	−258.7
−209.0	−6.276	−228.0	−214.0	−6.426	−241.8	−219.0	−6.577	−259.1
−209.1	−6.279	−228.2	−214.1	−6.429	−242.1	−219.1	−6.580	−259.5
−209.2	−6.282	−228.5	−214.2	−6.432	−242.4	−219.2	−6.583	−259.9
−209.3	−6.285	−228.8	−214.3	−6.435	−242.7	−219.3	−6.586	−260.3
−209.4	−6.288	−229.0	−214.4	−6.438	−243.0	−219.4	−6.589	−260.7
−209.5	−6.291	−229.3	−214.5	−6.441	−243.4	−219.5	−6.592	−261.1
−209.6	−6.294	−229.5	−214.6	−6.444	−243.7	−219.6	−6.595	−261.5
−209.7	−6.297	−229.8	−214.7	−6.447	−244.0	−219.7	−6.598	−261.9
−209.8	−6.300	−230.0	−214.8	−6.450	−244.3	−219.8	−6.601	−262.4
−209.9	−6.303	−230.3	−214.9	−6.453	−244.6	−219.9	−6.604	−262.8

基礎物理定数

	数値	単位
真空中の光の速さ c	299 792 458	m s^{-1}
真空の透磁率 μ_0	1.256 637 062 12 $\times 10^{-6}$	N A^{-2}
真空の誘電率 ε_0	8.854 187 8128 $\times 10^{-12}$	F m^{-1}
重力のニュートン定数 G	6.674 30$\times 10^{-11}$	m^3 kg^{-1} s^{-2}
プランク定数 h	6.626 070 15 $\times 10^{-34}$	J s
$\hbar = h/2\pi$	1.054 571 817...$\times 10^{-34}$	J s
電気素量 e	1.602 176 634$\times 10^{-19}$	C
磁束量子	2.067 833 848...$\times 10^{-15}$	Wb
ボーア磁子	9.274 010 0783$\times 10^{-24}$	J T^{-1}
核磁子	5.050 783 7461$\times 10^{-27}$	J T^{-1}
リュードベリ定数 R_∞	10 973 731.568 160	m^{-1}
ボーア半径 a	5.291 772 109 03$\times 10^{-11}$	m
電子の質量 m_e	9.109 383 7015$\times 10^{-31}$	kg
電子の比電荷 $-e/m$	$-$1.758 820 010 76$\times 10^{11}$	C kg^{-1}
陽子の質量 m_p	1.674 927 498 04 $\times 10^{-27}$	kg
陽子-電子質量比 m_p/m_e	1836.152 673 43	
アボガドロ定数	6.022 140 76 $\times 10^{23}$	mol^{-1}
ファラデー定数	96 485.332 12...	C mol^{-1}
気体定数 R	8.314 462 618...	J mol^{-1} K^{-1}
ボルツマン定数 k	1.380 649$\times 10^{-23}$	J K^{-1}
重力の標準加速度 g	9.806 65	m s^{-2}
電子ボルト	1.602 176 634$\times 10^{-19}$	J

参照：CODATA 2018; http://physics.nist.gov/constants

物理学実験2024 —「物理・化学実験」テキスト—

2008年3月30日　第1版　第1刷　発行
2024年3月30日　第1版　第17刷　発行

編　者　静岡大学工学部
共通講座物理学教室
発行者　発田和子
発行所　株式会社　学術図書出版社
〒113-0033　東京都文京区本郷5丁目4の6
TEL 03-3811-0889　振替 00110-4-28454
印刷　三和印刷（株）

定価は表紙に表示してあります.

ISBN978-4-7806-1207-3　C3042

物 理 実 験 検 印 表

曜日	学科	学籍番号	氏　名	班

	月 日	実験題目	共同実験者	検　印	感想 (該当に○，複数可)		意見・感想など具体的に記してください
1					面白い	難しい	
					だいたい理解できた	理解できなかった	
					予習した	予習しなかった	
2					面白い	難しい	
					だいたい理解できた	理解できなかった	
					予習した	予習しなかった	
3					面白い	難しい	
					だいたい理解できた	理解できなかった	
					予習した	予習しなかった	
4					面白い	難しい	
					だいたい理解できた	理解できなかった	
					予習した	予習しなかった	
5					面白い	難しい	
					だいたい理解できた	理解できなかった	
					予習した	予習しなかった	
6					面白い	難しい	
					だいたい理解できた	理解できなかった	
					予習した	予習しなかった	
7					面白い	難しい	
					だいたい理解できた	理解できなかった	
					予習した	予習しなかった	
8					面白い	難しい	
					だいたい理解できた	理解できなかった	
					予習した	予習しなかった	

※欠席のときは，月日・題目のみ記入し，検印欄に赤字で「欠席」と記入してください．

※意見・感想は，今後の実験を改善する際に参考にします．内容は，成績評価には一切影響しません．